Gesamtleitung des Forschungsunternehmens
Nepal Himalaya:
Prof. Dr. WALTER HELLMICH, München

Mit Förderung durch den DEUTSCHEN ALPENVEREIN
und den ÖSTERREICHISCHEN ALPENVEREIN

Träger: Fritz Thyssen Stiftung

ISBN 978-3-642-49623-3   ISBN 978-3-642-49916-6 (eBook)
DOI 10.1007/978-3-642-49916-6

Titel-Nr. 7302

BEITRÄGE ZUR KENNTNIS DER ENTOMOLOGISCHEN SAMMELGEBIETE DER NEPAL-EXPEDITION 1962

Von

GÜNTER EBERT, Karlsruhe

Mit 2 Textabbildungen

EINLEITUNG

Als das Forschungsunternehmen Nepal Himalaya im Jahre 1962 seine 4. Arbeitsgruppe nach Nepal entsandte, waren erstmals auch zwei Entomologen berufen, im Forschungsgebiet Aufsammlungen und Beobachtungen durchzuführen. Wie notwendig dies war, wird allein schon durch die Tatsache unterstrichen, daß weite Gebiete dieses Landes, so vor allem der Westen und Osten, aus entomologischer Sicht noch »terra incognita« waren und es auch zum größten Teil bis heute noch geblieben sind. Unsere Expedition in den Khumbu Himal war ein erster Vorstoß in Neuland und daher besonders reizvoll! Lediglich aus der Gegend westlich von Kathmandu (Trisuli- und Marsyandi-Tal, Pokhara, südlich und nördlich des Annapurna-Massives) sind kleinere Aufsammlungen bekannt geworden (BAILEY 1951, LOWNDES 1953, IMANISHI 1952 und 1953, LOBBICHLER 1955). In der zoogeographischen Beurteilung des zentralen Himalaya war man deshalb im wesentlichen auf Mutmaßungen angewiesen, die aus der besseren Kenntnis der benachbarten Gebiete, nämlich Sikkim im Osten und Kumaon im Westen, resultierten. Die Frage, die sich uns schon vor Antritt der Reise stellte, war daher: wie weit reicht der Einfluß a) zentralasiatischer Elemente, b) subtropisch-indischer Elemente, c) ost-himalayischer (Sikkim-) Elemente. Von vornherein war zu erwarten, daß die vertikale Verbreitung eine bedeutende Rolle dabei spielen wird. Aus diesem Grunde wurde der Verlauf der Reise so festgelegt, daß in einem SW-NO-Querschnitt zwischen dem 84°–87° ö. L., 27°–28° n. Br. von den tropischen Tälern des südlichen Nepal bis zur alpinen Region im Khumbu Himal, dem eigentlichen Forschungsgebiet, alle Höhenstufen des Himalaya

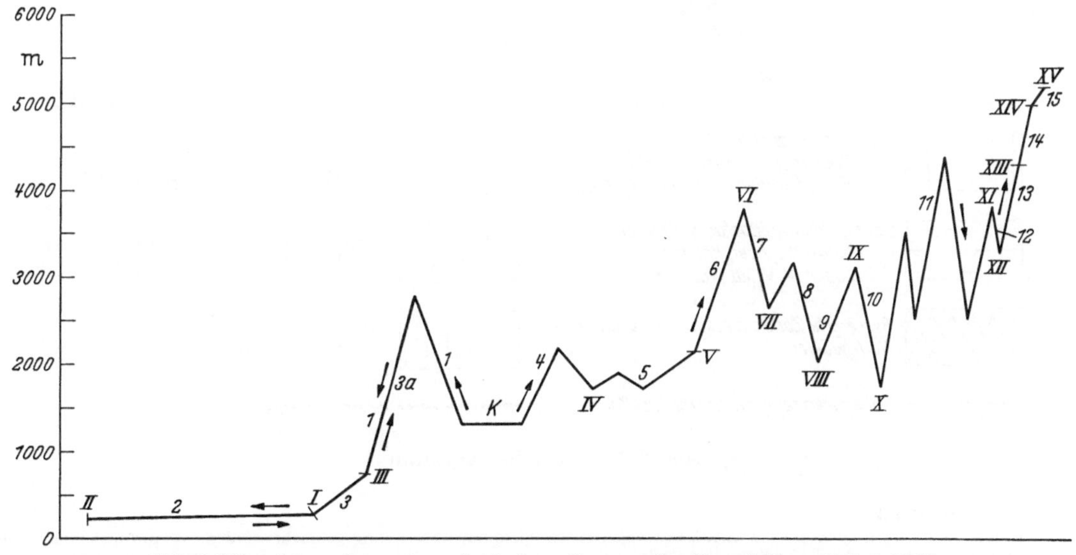

Abb. 1. Wegskizze der entomologischen Gruppe der Nepal-Expedition 1962

berührt und nach Möglichkeit auch besammelt werden sollten. Dieser Plan konnte dank des überaus wohlwollenden Entgegenkommens seitens der nepalischen Behörden wie auch der vorzüglichen Organisation des gesamten Unternehmens ohne besondere Schwierigkeiten von März bis August 1962 realisiert werden. Die Aufsammlungen, die dabei zustande kamen, erbrachten rund

40000 Insekten in einer zur Zeit noch nicht überschaubaren Artenzahl. Mehr als drei Viertel davon entfallen auf Lepidopteren, vor allem Heteroceren, auf die ein ganz besonderes Augenmerk gerichtet wurde. Erst wenn die systematische Bearbeitung dieses und weiteren Materials abgeschlossen ist, wird man sich an eine umfassende tiergeographische Analyse heranwagen können.

Aufgabe dieser Arbeit soll es sein, den Verlauf der Expedition so darzustellen, daß dem Spezialisten alle notwendigen Aussagen über Biotop- und Klimaverhältnisse sowie Beobachtungen über Ökologie und Verhalten mancher Arten zur Verfügung stehen. Für eine solche Synthese wurde die folgende Gliederung gewählt:

1. Eine Wegskizze in Form eines Höhendiagrammes, in welchem jene Lokalitäten, an denen ausgiebiger gesammelt werden konnte, durch römische Ziffern, die verbindenden Streckenabschnitte durch arabische Ziffern gekennzeichnet sind. (Abb. 1, Seite 121)

2. Ein zweites Diagramm, in welchem die wichtigsten Vegetationsgebiete (nach SCHWEINFURTH, 1957), die durchquert und besammelt wurden, zur Anschauung gebracht werden (Abb. 2)*.

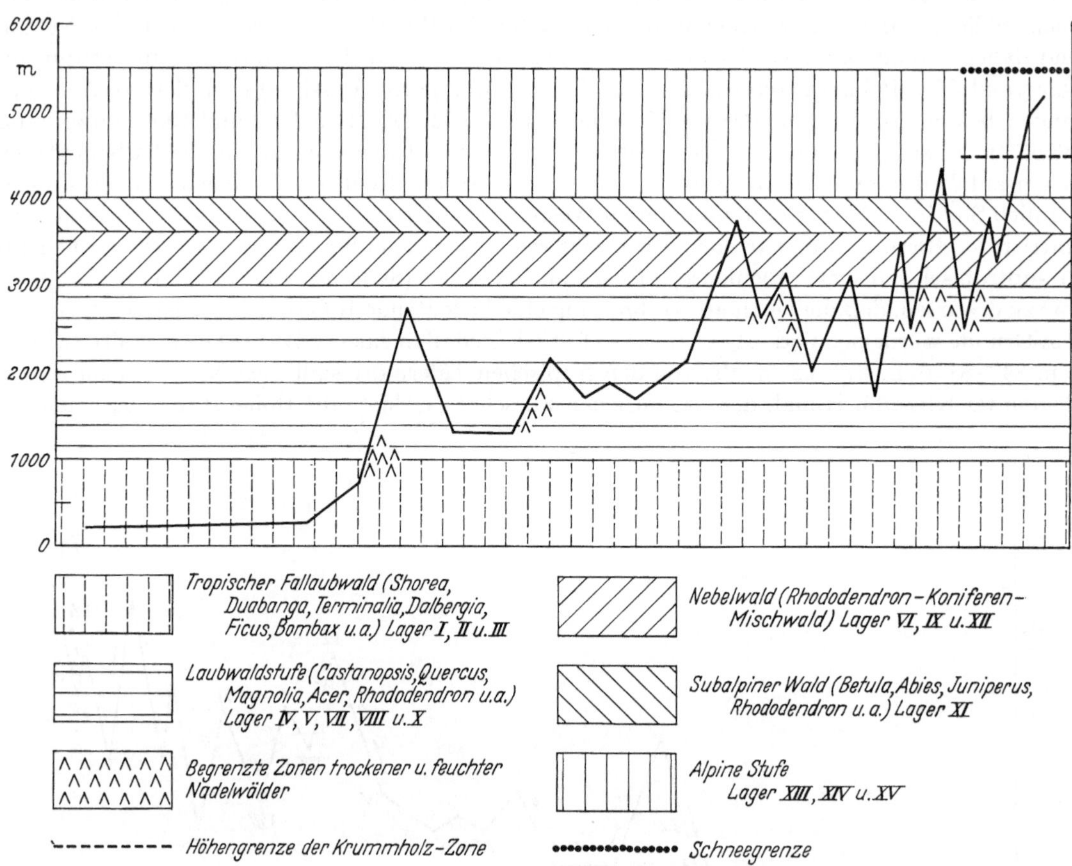

Abb. 2. Vegetationsdiagramm

Bemerkungen zu Abb. 2

Es können hier selbstverständlich nur die wichtigsten Vegetationsgebiete zur Anschauung gebracht werden, was in Anlehnung an die auf S. 140–141 dargelegten Ausführungen hinsichtlich der Artenverbreitung im zentralen und östlichen Himalaya geschieht. Vom pflanzengeographischen Standpunkt aus betrachtet ergeben sich dagegen noch viele Unterteilungsmöglichkeiten, vor allem der Laubwaldzone, die in bezug auf das Forschungsgebiet noch näher untersucht werden müssen.

*Zwei weitere Karten auf der Grundlage des »Survey of India« wurden von Herrn Dr. DIERL im Rahmen der Ausarbeitung der Expeditionsergebnisse von 1964 erstellt. Aus Gründen der Zweckmäßigkeit wurde die Route unserer Expedition 1962 hier mit eingetragen.

3. Der Textteil, in welchem die im Streckendiagramm enthaltenen römischen und arabischen Ziffern den einzelnen Kapiteln vorangestellt sind und damit eine bessere Übersicht sowie einen Rückverweis auf Karte Nr. 1 gewährleisten. Er enthält neben Daten und allgemeinen Angaben über Landschaft, Witterungsverhältnisse usw. eine Beschreibung a) des jeweiligen Biotopes nach Lage, Vegetations- und Bodenverhältnissen, b) der klimatischen Verhältnisse, c) entomologische Beobachtungen. Die in dieser Form wiedergegebenen Aussagen müssen freilich skizzenhaft bleiben, solange noch keine einschlägigen Publikationen aus der Feder der verschiedenen Fachleute über das Forschungsgebiet vorliegen. *Vor allem bedarf die Determination der Arten noch der Bestätigung durch die Spezialisten.*

Unsere entomologische Mannschaft setzte sich aus dem Verfasser und seinem langjährigen Sammelfreund H. FALKNER aus Nürnberg zusammen. Sie wurde ergänzt durch die Sherpa LAKHPA TSERING aus Kunde, ATASCHI aus Khumjung, dem Koch SUNSUBIR THAMANG, dem Postläufer MAILA THAMANG und dem Küchengehilfen und ständigen Träger DZUNGPA SHERPA. Diese wackeren Burschen haben maßgeblichen Anteil am Gelingen der Expedition und können nur lobend erwähnt werden! Als Verbindungsoffizier stand der gesamten 4. Arbeitsgruppe Mr. GOVIND BAHADUR GURUNG zur Verfügung.

Zum Schluß habe ich meinen Dank auszusprechen: den nepalischen Regierungsbehörden, den Angehörigen des Schweizer Hilfswerkes in Kathmandu, dem Leiter des gesamten Forschungsunternehmens, Herrn Prof. Dr. W. HELLMICH, sowie Herrn Dir. Dr. W. FORSTER, München, ferner Herrn Dr. W. DIERL, ebenfalls in München. Bei der Bestimmung von Pflanzen anhand von Farblichtbildern war mir in dankenswerter Weise Herr Prof. Dr. E. OBERDORFER, Karlsruhe, behilflich, während Herr Dr. H. G. AMSEL die Durchsicht des Manuskriptes besorgte. Ganz besonderer Dank gebührt auch Herrn H. FALKNER, Nürnberg, der sich stets unermüdlich und mit großem Eifer für das Unternehmen eingesetzt hat und selbst nach kräftezehrenden Marschtagen noch den Willen aufbrachte, zugunsten eines oft bei Regen stattfindenden Lichtfanges auf die Geborgenheit des Zeltes zu verzichten. Auch zur vorliegenden Arbeit hat Herr FALKNER einen wertvollen Beitrag geleistet, indem er seine Aufzeichnungen, insbesondere die vielen meteorologischen Notizen, bereitwilligst zur Verfügung stellte.

SPEZIELLER TEIL

1   21. März: Fahrt mit dem Kraftwagen von Kathmandu über Thankot durch das Mittelland in SW-Richtung. Steile, terrassierte Lehmhänge, nach Polung (1800 m) Anstieg zur Mahabharat Lekh, Paßhöhe bei Simbhanjang (2750 m). Feuchter Wald mit *Quercus* und *Rhododendron (R. arboreum* z. T. blühend!*)*, steiles, zerklüftetes Gebirge mit tiefen Schluchten; an seiner Südflanke in tieferen Lagen trockene, prächtige Föhrenwälder *(Pinus roxburghii)*. Etappenziel Hitaura. Während dieser Fahrt konnte nicht gesammelt werden.

I   22.–27. März: Rapti-Tal westlich von Hitaura, im Einzugsgebiet des Kali Gandaki. Neben Dang das größte Dun-Tal, welches den Namen Chitawan trägt*. Camp I im oberen, noch relativ engen Talabschnitt (290 m).

Vegetation: Tropischer Fallaubwald mit *Shorea robusta* (dominant), *Terminalia tomentosa, Duabanga sonneratioides, Dalbergia sissoo, Schima wallichii, Ficus, Bombax* u. a. Dies ist das Vegetationsbild der orographisch rechten, ausschließlich besammelten Talseite, gegen die Mahabharathänge hin (S-Exposition), von denen geröllreiche, zu dieser Jahreszeit z. T. schon ausgetrocknete Runsen und Bachläufe herunterführen, die meist von dichtem Unterwuchs begleitet werden, aus dem *Alnus, Acer, Musa* u. ähnl. herausragen. Farne sind hier sehr verbreitet. Der Talboden zu beiden Seiten des Flusses zwischen den Waldzonen besteht aus Grasland mit lockeren oder dichten dornigen Gesträuppen, insbesondere *Acacia*. Dazwischen Rodungen und land-

*Unter einem Dun versteht man die Terai-Landschaft *nördlich* der Siwaliks. Es muß aber in diesem Zusammenhang darauf hingewiesen werden, daß sich die Wälder des Rapti-Tales vom eigentlichen Teraiwald durch größere Üppigkeit auszeichnen (nach SCHWEINFURTH, 1957).

wirtschaftlich genutzte Flächen, insgesamt aber nur dünn besiedelt. Während der Berichtszeit war starker Laubabwurf zu beobachten. Viele Bäume bereits kahl!

Klima: Es herrschte Trockenzeit mit Temperaturen über 30° C und einer relativen Luftfeuchtigkeit von 30 %. Täglich starke Sonneneinstrahlung. Gegen Abend Abkühlung auf 15° C, um Mitternacht 13° C bei steigender Luftfeuchtigkeit. Der Monsun beginnt hier Ende Mai oder Anfang Juni.

Entomologische Beobachtungen: Unsere im Rapti-Tal angestellten entomologischen Beobachtungen mußten im wesentlichen auf Rhopaloceren beschränkt bleiben, da der Nachtfang in dieser Gegend und zu dieser Jahreszeit ein überraschend mageres Ergebnis lieferte, obwohl die Lichtquelle, eine Petromaxlampe mit der Lichtstärke von etwa 500 Watt, regelmäßig auf Schneisen und im lichten Wald zum Einsatz gebracht wurde. Schuld an der geringen Aktivität der Heteroceren mochte neben der ungünstigen Vollmondkonstellation wohl auch die trockene Witterung haben, die in subtropischen Gebieten viele Arten erfahrungsgemäß zu einer Diapause veranlaßt. Erwähnenswert bleibt der in den frühen Abendstunden einsetzende Ipidenflug!

Die Rhopaloceren waren dagegen besonders in den Vormittagsstunden recht lebhaft. Auf einer Rodungsfläche westlich des Lagers, die sich aus Brachland und frisch gepflügten Äckern zusammensetzte, beobachteten wir neben einer *Gonepteryx*art zahlreiche Catopsilien, die in schnellem Flug oft mehrere Meter über dem Boden dahineilten. Weniger eilig hatten es *Colias fieldi* MÉN., *Terias hecabe contubernalis* MOORE und *Terias herla sikkima* MOORE. An einer etwas beschatteten Stelle versammelten sich schon am frühen Morgen *Danaus hamata septentrionis* BTLR., *Stibochia nicea* GRAY, *Euploea core* CR. und *Euploea mulciber* CR., um an der taufeuchten Ackerkrume zu saugen. *Danaus chrysippus* L. war auch hier auf freien Flächen überall häufig.

Den lichten Wald bevorzugten wiederum *Lethe* HBN., *Orsotriaena* WALLGR., *Mycalesis* HBN. und *Ypthima* HBN., jeweils in mehreren Arten. Besonders notiert wurden *Mycalesis perseus samba* MOORE sowie eine weitere ? *Mycalesis*-Art, die zusammen mit *perseus* flog, aber noch häufiger auftrat als diese. Ihre Unterseite fiel durch eine gelbe Medianlinie auf und erinnerte stark an jene von *Mycalesis mamerta annamitica* FRUHST. Zusammen mit *Graphium* sp. und *Curetis* sp. konnten diese beiden Arten mit einem am Waldrand ausgelegten Köder (Käse) angelockt werden, waren aber auch sonst auf dem mit dürrem Laub bedeckten Waldboden, dem sie sich vortrefflich anzupassen wußten, überaus zahlreich.

Der mit Gras und Dornbüschen bedeckte Streifen zwischen Wald und Fluß erwies sich als recht wenig ergiebig, war aber auch zu dieser Jahreszeit einer besonders intensiven Einstrahlung ausgesetzt. Auf dem feuchten Sand entlang des Raptiflusses wurden Hymenopteren und Coleopteren (bes. Staphyliniden) gesammelt.

Ein entomologisches Dorado fanden wir hangaufwärts, insbesondere in den geröllreichen Bachläufen. Fast alle eingetragenen Lycaeniden (etwa 13 Arten) stammen aus diesem Biotop, ebenso die Hesperiiden, darunter *Gegenes* sp. und *Heteropterus* sp. Auch *Graphium sarpedon* L. schwirrte hier unermüdlich auf und ab. Im dichten Unterholz zu beiden Seiten saß *Kallima* sp., während mehrere *Neptis*-Arten die sonnenbeschienenen Zweigspitzen von *Alnus* zu ihrem Lieblingsplatz auserkoren hatten. Tiefer im Wald verbargen sich *Elymnias hypermnestra undularis* DRY. und *Melanitis leda* L., während sich *Precis iphita* CR. mit ihren nächsten Verwandten mehr in der Randzone aufhielt, wo auch die der Gattung *Celastrina* TUTT angehörenden Lycaeniden sowie der elegante *Papilio latreillei* DON. ihren Stammplatz hatten. Insgesamt konnten gegen 60 Rhopaloceren- und Hesperiidenarten gesammelt werden. Genannt seien noch die zahlreichen Libellen, die über den im Geröll verbliebenen Wassertümpeln flogen. Alle eingetragenen Arten wurden hier erbeutet. Ebenso fielen uns die bis zu drei Meter hoch aufgetürmten Termitenhügel auf, die man noch mitten im Wald, jedoch vorwiegend an der Hangseite bewundern konnte.

2 28. März: Fahrt durch das Rapti-Tal abwärts bis in die Nähe des Zusammenflusses von Rapti und Narayani (Unterlauf des Kali Gandaki). Salwald und Agrarland in ständigem Wechsel, dazwischen auch größere Siedlungen, wie z. B. der Marktflecken Narangarh.

II 28. März bis 3. April: Am Raptifluß nahe dessen Mündung in den Narayani. Diese Lokalität wurde uns mit »Megouli« angegeben und erscheint unter diesem Namen auch in der Fundortliste. Höhe: 200 m.

Vegetation: Ähnlich wie am Oberlauf des Rapti, also tropischer Fallaubwald mit der vorherrschenden *Shorea robusta*, doch hier ausschließlich in der Ebene gelegen. In der Umgebung konnte auch *Phönix humilis* beobachtet werden. Die sehr dichten Wälder reichen bis an den Fluß heran und lassen meist nur einen schmalen, mit sog. Elefantengras bewachsenen Uferstreifen frei.

Klima: Ebenso heiß und noch feuchter als in Camp I. Um 18 Uhr wurden noch 19°C bei 80% Luftfeuchtigkeit gemessen.

Ergänzende Beobachtungen nach FALKNER:

30. April: 12.00 Uhr, 32°C, 28 % rel. Luftfeuchtigkeit
             18.30 Uhr, 19°C, 18 % rel. Luftfeuchtigkeit
             22.00 Uhr, 13°C, 96 % rel. Luftfeuchtigkeit

Entomologische Beobachtungen: Die Lepidopterenfauna am Oberlauf des Raptiflusses hat sich, zumindest während unseres aus diesem Grunde nur kurzen Aufenthaltes, als bedeutend ärmer erwiesen! Nur wenige für uns neue Arten konnten registriert werden: *Anapheis aurota* F., *Danaus plexippus* L., *Precis almana* L. und *Neptis* sp. Eine ziemlich große rein weiße *Euproctis* sp. konnte am Tage aus dem Blattwerk verschiedener Büsche aufgescheucht werden. Sie kam auch verschiedene Male an die Lampe, um dort einer *Mythimna* sp. sowie der auffallenden *Trigonodes hyppasia* CR. Gesellschaft zu leisten. Die hier gesammelten Libellen hielten sich alle am Ufer des Rapti auf. Eine große, langgestreckte rote Wanze sei noch erwähnt, die an einer einzigen Stelle mitten im Wald, ähnlich unserer Feuerwanze, in großer Zahl die untere Partie eines Stammes bevölkerte.

3 4. April: Rückfahrt durch das Rapti-Tal nach Hitaura und von hier in das nur etwa 10 km nördlich davon gelegene Tal von Bhimpedi. Zunächst Rekognoszierung im oberen Talkessel, von wo aus der einst so bedeutende Karawanenweg über Chisapani Garhi nach Kathmandu führte. Inzwischen ist, nach Erbauung der weiter westlich verlaufenden neuen Autostraße, aus dem ehemaligen Güterumschlagplatz Bhimpedi* wieder ein friedliches Dorf geworden, umgeben von Feldern und Weideland. An den Hängen wird der Salwald von reinen *Pinus roxburghii*-Beständen abgelöst. Nach kurzfristigem Sammeln an blühenden Sträuchern Rückfahrt in den für entomologische Exkursionen attraktiveren unteren Talabschnitt zwischen Bhainse Dobhan und Golping.

III 4.–7. April: Unteres Bhimpedi-Tal, 730 m, in den südlichen Ausläufern der Mahabharat Lekh.

Vegetation: Stark deformierter tropischer Fallaubwald an den Hängen zu beiden Seiten des Flüßchens, was auf menschlichen Einfluß (periodisches Abbrennen, übermäßige Beweidung, planloser Raubbau durch Futter- und Brennholzgewinnung) zurückzuführen sein dürfte. Auch Erdrutsche während der Monsunzeit mögen daran beteiligt sein. Dennoch an vielen Stellen dichter Unterwuchs, vor allem an den steilen, nur während der Regenzeit wasserführenden Runsen mit *Berberis, Carissa, Rubus* u. a. m. Auch Brennesseln sind hier sehr verbreitet!

Klima: Sehr warm und schwül mit abendlichen Temperaturen um 25°C. Viel geringere Luftfeuchtigkeit als etwa bei Camp »Megouli«!

Weitere Angaben nach FALKNER:

5. April: 12 Uhr, zwischen 35 und 38°C bei 16% rel. Luftfeuchtigkeit
            18 Uhr, 26°C bei 26% rel. Luftfeuchtigkeit.

*Vom Lastwagen auf Menschenrücken!

Entomologische Beobachtungen: Zunächst wurde etwa eine Stunde lang im oberen Talabschnitt am Ortsrand von Bhimpedi gesammelt. Dort flogen an blühenden Büschen u. a. *Papilio demoleus* L. und die Sphingide *Cephonodes hylas* L. Als später weiter talabwärts das Lager eingerichtet war und an einem zu einer in Nord-Süd-Richtung streichenden, dicht bewachsenen Schlucht hin abfallenden Hang (790 m) der erste Lichtfangversuch stattfand, konnte mit Befriedigung festgestellt werden, daß sich mit zunehmender Höhe auch die Fangergebnisse wenigstens etwas besserten. Am Leuchttuch dominierte eine Pyralidenart, cf. *Etiella zinckenella* TR. Hinzu kamen zahlreiche Arctiiden, besonders *Spilarctia* sp., ferner *Nyctemera plagifera* WLKR., die auch am Tage flog und sich gerne in Brennesseln verborgen hielt, *Argina cribraria f. perforata* SZ., Lithosiinen aus der artenreichen Gattung *Asura* u. a. m. Von den Noctuiden sei die schöne *Chalciope mygdon* CR. erwähnt. Die Geometriden waren besonders durch mehrere, zu den *Sterrhinae* gehörende Arten vertreten.

In den Morgenstunden konnte man den prachtvollen *Papilio polyctor ganesa* DBL., an Pfützen saugend antreffen, während er sich in vorgerückter Tageszeit als unermüdlicher Flieger entpuppte. *Papilio helenus* L. war schon völlig abgeflogen. *Aglais caschmirensis aesis* FRUHST. fanden wir gleichzeitig im Imaginal- und Larvalstadium. Die Raupe ist von der unseres *Aglais urticae* L. kaum zu unterscheiden und lebt ebenfalls gemeinschaftlich an Brennesseln. Freund FALKNER hat sie mit Erfolg gezüchtet. Zahlreiche für uns neue Satyriden- und Lycaenidenarten konnten eingebracht werden, zusammen mit der zu den *Riodinidae* zählenden *Zemeros flegyas indicus* FRUHST. Das Genus *Precis* HBN. war auch hier an trockenen Hängen und in den geröllreichen Bachrinnen mit mehreren Arten zur Stelle. Genannt seien *Precis lemonias* L., *hierta* F., *atlites* L. und *orythia* L. Letztere hatten wir auch schon bei Camp I und II feststellen können. *Papilio* div. sp. aus der Verwandtschaft des uns schon bekannten *Papilio latreillei* DON. traten jetzt zahlreicher auf.

3a   8. April: Rückreise nach Kathmandu ohne größeren Aufenthalt auf der schon genannten Straße.

Kathmandu (18.–20. März, 8.–23. April, 8.–28. August): Hauptstadt des Landes und Ausgangspunkt unserer Expeditionen. Mittelpunkt eines von niedrigeren Bergen* umgebenen fruchtbaren Tales (Alluvialebene), zwischen 1300 und 1400 m hoch.

Vegetation: Ausgesprochene Kulturlandschaft! An den Hängen um Kathmandu immergrüner Bergwald mit *Castanopsis indica*, *Schima wallichii* usw., in den oberen Lagen *Rhododendron*.

Klima: Während des ersten, etwas längeren Aufenthaltes im April trocken und warm mit Temperaturen zwischen 20 und 30°C. Im August wärmer und höhere Luftfeuchtigkeit (Monsun!). Die absoluten Werte für Kathmandu liegen nach HAGEN (1960) bei –2,8°C und +37°C.

Entomologische Beobachtungen: Die Insektenausbeute von Kathmandu zeigt uns sehr deutlich, daß hier in einer Kulturlandschaft gesammelt wurde! Wir arbeiteten zum ersten und einzigen Male in Nepal mit einer elektrischen Lichtquelle (übliche 60-Watt-Glühbirne), die so angebracht war, daß etwa fünf Meter über dem Boden eine leidlich weiße Hauswand angestrahlt wurde. Dieser Leuchtplatz lag im südlichen Stadtteil Jawalakhel, also noch gut 15 km von den bewaldeten Bergen am Rande des Kathmandubeckens entfernt. Ringsum waren Häuser und Gärten, dazwischen auch Felder, Rasenplätze und Baumgruppen, besonders Pappeln. Hier kamen u. a. ans Licht: *Scotia ipsilon* HFN., mehrere *Mythimna* sp., *Spodoptera exigua* HBN. und *litura* F., *Chloridea armigera* HBN. und *peltigera* SCHIFF., *Plusia orichalcea* F. u. a. m. Unter den Noctuiden befanden sich ferner zahlreiche *Athetis*-Arten, bei den Arctiiden insbesondere *Spilarctia* BTLR. und *Chionaema* HS., sowie die unvermeidliche *Utetheisa pulchella* L. Mehrere Sphingiden, darunter *Acherontia styx* WESTW., kamen ebenfalls an die Lampe. Von den Geometriden paßte *Nycterosema obstipata* F. gut hierher.

Am Tage flogen in den Gärten: *Pieris brassicae nepalensis* DBL., *Pieris canidia* SPARRM. und *Colias erate* ESP., sehr vereinzelt auch *Cethosia biblis* DRY., die sich gerne auf den Blättern von

*Jamachok 2150 m, Chandragiri 2500 m, Pulchok 2750 m, Mahadeb 2200 m, Nagarkot 2150 m

*Citrus*bäumen niederließ. Kurz nach Sonnenuntergang zeigten sich zahlreiche *Syntomis* sp., die man dann aber in der Dämmerung allzuleicht aus den Augen verlieren konnte. Die Agaristide *Epistema adulatrix* KOLL. flog nach unserer Rückkehr im August am Tage vereinzelt an Hecken. Erwähnt seien noch die im April im Garten am Fuße eines kleinen Granatapfelbaumes aufgefundenen leeren Kokons von *Attacus atlas* CR. sowie mehrere, unserer *Gastropacha quercifolia* L. sehr ähnliche Raupen, ebenfalls an *Punica granatum* lebend, deren Aufzucht während der Khumbu-Expedition leider mißlang.

4   24. April: Wir verlassen Kathmandu in östlicher Richtung und kommen nach Sankhu. Talschluß, Ende der Straße. Aufstieg zum Sankhu La (Sankhu-Paß) durch trockenen, auf Sandboden gedeihenden *Pinus roxburghii*-Wald, der aber nicht mehr in N-Exposition auftritt. Dort niedrige Vegetation und Gebüsche.

IV   25.–27. April: Abstieg in das Indrawati-Tal. Hier befinden wir uns bereits im Einzugsgebiet des Sapt Kosi, der in seinem Oberlauf (Sun Kosi) alle aus N kommenden Flüsse aufnimmt. Breites, durch Geröllmassen aufgefülltes Flußbett. Camp nahe der Brücke und Ortschaft Pul-Bazar, 1700 m. (Auf der Karte ist hier Jaraetar vermerkt, was sich mit der Aussage unseres Sirdar Sherpa deckt, der die Gegend mit »Saretar« bezeichnet hat. Dieser Name wurde in seiner phonetisch wiedergegebenen Schreibweise auch in die Fundortliste aufgenommen.) Unfreiwilliger, durch die plötzliche Erkrankung eines Sherpa bedingter Aufenthalt.

Vegetation: An den Hängen macchienartiger Sekundärwald, dazwischen kurzrasige Böden (Beweidung!) und Kulturland. Es wird vorwiegend Reis und Mais angebaut.

Klima: Ziemlich warm mit Tagestemperaturen von über 20° C.

Weitere Angaben nach FALKNER:

25. April: Ab 16 Uhr bereits Regen. Lichtfang fällt aus.
26. April: Kein Regen, aufklarend, starker Wind. Leuchtversuch, aber kein Anflug. Zu kühl!

Entomologische Beobachtungen: An den Hängen flogen, neben großen, grün schillernden Wespen, zahlreiche Lycaeniden, von denen, neben *Lampides boeticus* L., *Castalius rosimon* F. die wohl häufigste war. Bei den *Precis*-Arten fiel *hierta* F. auf, unter welcher Art sich Exemplare mit brauner statt hellgelber Grundfarbe befanden. In einem noch wasserführenden Bachbett konnten zahlreiche Gyriniden *(Coleoptera)* und *Hydrometra (Hemiptera)* gesammelt werden. Unter Steinen, die in der modrigen Fallaubschicht eines Mangobaumes zwischen Brennesseln verstreut lagen, saßen an der verpilzten Unterseite viele, den Anisotomiden ähnliche Käfer. Weitere Coleopteren, vor allem *Scarabaeidae*, fanden wir im Kuhdung. Der Lichtfang mußte wegen Wind und Regen sowie starken Termitenfluges leider ausfallen.

5   28.–30. April: Beginn stärkerer Regenfälle. Aufstieg über Naulapur (1900 m) nach Chautara. Typisches Mittelland, wie wir es schon während der Fahrt nach Hitaura südwestlich von Kathmandu sahen: terrassierte Lehmhänge, auf den Höhen und an steileren Hängen Reste eines immergrünen Bergwaldes. Bei den Dörfern Bananen, Euphorbien und Agaven, oft auch mächtige Banyanbäume. Camp zwischen Naulapur und Chautara (28. April) auf brachliegenden Reisfeldern. Am Tag darauf ausgedehnte Hangwanderung und steiler Abstieg zum Balephi Khola. Camp bei Balephi Bazar, 1700 m (29. April). Mächtige Gneisblöcke, feuchter Laubwald mit dichtem Unterwuchs vor allem in Flußnähe. Lichtfang wurde durch Talwind erheblich gestört. Es folgte, wiederum bei Regen, Wanderung nach Barahbise (30. April).

V   1.–2. Mai: Von Barahbise aus Aufstieg zunächst durch dichten *Castanopsis*-Wald zu den Hängen oberhalb des Sun Kosi. Dort, bei 2150 m, Camp nahe der Einmündung des Kahare Khola unweit der Ortschaft Basheri (phonetische Wiedergabe nach Aussagen der Sherpas!).

Vegetation: Besonders unterhalb unseres Standortes Terrassenkulturen. Sonst niedriger, stark gelichteter Bergwald von macchienartigem Charakter. Strauchvegetation gut entwickelt *(Prunus div. sp., Rubus, Clematis, Vitis* u. a.).

Klima: Tagsüber sehr warm (Beginn einer Schönwetterperiode!) mit Temperaturen über 20°C bei mäßiger Luftfeuchtigkeit. Abends auf 10°C zurückgehend.

Entomologische Beobachtungen: Unter den Rhopaloceren fielen neben dem uns schon vertrauten *Papilio polyctor ganesa* DBL. besonders *Aporia agathon* GRAY (sehr häufig!) und *Argyreus hyperbius* L. auf. Der zuletzt genannten Art, von der das Weibchen im Fluge kaum von einer Danaide zu unterscheiden ist, begegneten wir erstmals zwischen Balephi Bazar und Barahbise. Später beobachteten wir sie nochmals in größerer Anzahl im Tampa-Kosi-Tal. Hier, oberhalb des Sun Kosi, brachte man uns auch die erste und einzige *Zygaena* F., die wir in Nepal zu Gesicht bekamen: *Zygaena caschmirensis* KOLL. Trotz eifrigen Suchens an der Fundstelle konnte kein weiteres Exemplar entdeckt werden! Eine *Cerura* sp., bei Tage in Copula, konnte ebenfalls nur einmal gesammelt werden. An das Licht flogen u. a. *Spilarctia* sp., *Creatonotus gangis* L., *Euproctis* sp., *Ocinera signifera* WKR. Die von diesem Fundort stammende *Campylotes histrionicus* WESTW. wurde an der Außenwand des Zeltes gefunden. Wir werden dieser interessanten Art jedoch später noch begegnen!

6   3. Mai: Aufstieg zum Ting Sang La, zunächst durch niedrigen, unterwuchsreichen *Castanopsis*-Wald, der bald vom Eichenwald (*Quercus* div. sp.) und später von Rhododendron und Bambus abgelöst wird. Zahlreiche Epiphyten, insbesondere Moose und Flechten (*Usnea* sp.). An vielen Stellen auch Farne. Kleine Ansiedlung und Gömpa (Kloster) an der oberen Grenze der Eichenwaldstufe. Spärlicher Kartoffelanbau. Beginn des Nebelwaldes!

VI   3.–8. Mai: Ting Sang La. Camp unterhalb des Passes, 3800 m, W-Hang.

Vegetation: Typischer Nebelwald mit zahlreichen Rhododendronarten bis Baumhöhe, welche absolut vorherrschen und sehr dichte Bestände bilden, zur Berichtszeit zum Teil blühend. *Abies* und *Picea* mehr einzeln hangaufwärts. Moose und Flechten äußerst zahlreich als Epiphyten vertreten. An verschiedenen Standorten auch Bambus. *Arundinaria* häufig zu dichten Gesträppen vereinigt; andere Sträucher wie z. B. *Jasminum* und *Daphne* kommen hinzu. Auffallend das Vorkommen einer *Aracee* (*Arisarum* sp.). Oberhalb des Rhododendrongürtels kurzrasige Matten mit Farnen und *Cruciferen*. Sommerweide der Solu Sherpa, erste Begegnung mit Yaks und Yakbastarden. Wanderhackbau beobachtet.

Klima: Temperaturen relativ niedrig bei hoher Luftfeuchtigkeit, tagsüber auch bei Sonnenschein nicht über 15°C ansteigend. Luftfeuchtigkeit vormittags um 10 Uhr immer noch um 50 %, um 21 Uhr nur noch +4°C bei 90% Luftfeuchte. Abends starke Nebelbildung. Am zweiten Tag unseres Aufenthaltes Temperatursturz auf nahe 0°C als Folge heftiger Hagelschauer!

H. FALKNER teilte hierzu ergänzend mit:

4. Mai: Gegen 10 Uhr morgens +11°C bei 90% Luftfeuchtigkeit. Um 14 Uhr setzt Hagel ein, Temperatur geht auf +3°C zurück. Lichtfang muß wegen (stärkerem) Regen ausfallen. Temperatur nachts um + 4°C.

5. Mai: Um 21.30 Uhr sternenklar bei +4°C. Geringer Anflug!

6. Mai: Lichtfang muß schon um 20.45 Uhr wegen Gewitter und Hagelschauer abgebrochen werden.

7. MAI: Sternenklar bei +3–4°C. Geringer Anflug.

8. Mai: Kein Lichtfang, da Marschtag mit frühzeitigem Aufbruch bevorsteht.

Entomologische Beobachtungen: Mit großer Skepsis bezogen wir das Lager am Ting Sang La. Der düstere, feuchte Nebelwald, der uns nun zum ersten Male umgab, schien nicht viel an Lebendigem zu beherbergen. Doch der Schein trügte, denn kaum war am Abend die Lampe in Betrieb genommen, als auch schon die ersten Nachtschmetterlinge aus dem dichten Nebel herangeschwirrt kamen. Wir hatten das Leuchttuch auf dem Boden ausgebreitet – bei Nebel und auf Waldblößen eine gute Fangmethode! Innerhalb weniger Minuten war es dicht bedeckt mit der weißen, mit goldfarbigem Afterbusch versehenen Thaumetopoeide *Gazalina chrysolopha* KOLL. Sie erhielt von uns den Beinamen »Himalayaschnee«, was bei der ungeheuren Populationsdichte dieser Art gerechtfertigt schien. Es kostete einige Mühe, dazwischen die anderen an das Licht kommenden und um einen Platz kämpfenden Arten herauszunehmen, vor allem die vielen zarten Spannerchen aus der Gattung *Perizoma* HBN. Auch *Arichanna* MOORE war mit verschiedenen Spezies vertreten, darunter einer großen, der *consocia* BTLR. nahestehenden Art. Die auffallendste Erscheinung unter den Geometriden war aber zweifellos *Erebomorpha fulguraria* WKR. Von den zahlreichen Noctuiden seien erwähnt: *Diarsia* sp., *Amathes* sp., *Perissandria* sp., *Euplexia* sp., die quadrifine *Hypocala subsatura* GN., besonders in der *f. aspera* u. a. m. Von den Bombyciden erfreuten uns außerdem noch *Brahmea* WKR. und *Caligula* MOORE.

Auf den grasigen Matten oberhalb des Rhododendrongürtels flogen am Tage *Pieris brassicae nepalensis* DBL., *Colias fieldi* MÉN., *Aglais caschmirensis aesis* FRUHST. sowie eine *Pyrgus* sp. *Lethe baladeva* MOORE und *Dodona ouida* MOORE hielten sich dagegen mehr im Gebüsch auf. Unter Steinen und morschen Baumstämmen wurde eine große Anzahl prächtiger Coleopteren aus der Gattung *Carabus* eingesammelt. Weitere Käfer fanden wir im Yakmist sowie in Rhododendronblüten.

An dieser Stelle sollen auch noch die während des Weitermarsches am 9. Mai am Osthang des Ting Sang La beobachteten Tagfalter aufgeführt werden. Es waren dies eine *Ilerda* sp., die sich stets an feuchten Wegstellen bei etwa 3000 m und tiefer aufhielt, sowie eine aparte, nur in zwei Exemplaren gesammelte *Iphiclides* sp. aus der *mandarinus*-Verwandtschaft. Eines dieser beiden Tiere saugte an menschlichen Exkrementen, das andere schwebte in der Art unseres Segelfalters über Grasplätzen in einer Höhenlage von etwa 3300 m.

7 9. Mai: Überquerung des Ting Sang La. Auf der Paßhöhe eine kurzstenglige *Primula* sp. Unmittelbar hinter der Kammlinie (O-Hang) tritt *Cedrus deodara* auf. Im Unterwuchs vorwiegend *Rhododendron*, auf Waldlichtungen wiederum *Arundinaria* und andere Sträucher. Im Zedern- und Abies-Wald trifft man immer wieder auf verkohlte, mehrere Meter emporragende Stümpfe. Durch Abbrennen (Holzkohlengewinnung?) wird hier unverantwortlicher Raubbau getrieben, der z.B. im Wohngebiet der Sherpa, wo man derartigen Waldfrevel streng bestrafen würde, undenkbar wäre! Der Koniferenwald wird talabwärts wieder vom Eichenwald abgelöst. Bambus vor allem in der Übergangszone. Noch weiter talwärts Terrassenkultur.

VII 9.–11. Mai: Bigu (Chetri-Siedlung), Terrassenkultur, am Oberlauf des Tampa Kosi (Nebenarm), 2600 m.

Vegetation: Dichter Laubwald mit starkem Unterwuchs an den Hängen: *Acer* div. sp., *Rhododendron, Quercus;* in Wassernähe *Alnus, Clematis, Viburnum.* Zahlreiche Epiphyten (Moose, Farne, Orchideen der Gattung *Coelogyne*). Viele Kräuter: *Polygonum, Impatiens* u. a. m.

Klima: Zur Berichtszeit Schönwetterlage mit Temperaturen um 20°C. Um 21 Uhr wurden noch 10°C gemessen. Ziemlich hohe Luftfeuchtigkeit (starke Taubildung!).

Entomologische Beobachtungen: Unter den Rhopaloceren war der uns schon aus dem Bhimpedi-Tal bekannte *Papilio polyctor ganesa* DBL. wiederum die vornehmste Erscheinung. In raschem Flug eilte er an den Sträuchern der Uferböschung entlang, um selten und dann nur für wenige Augenblicke zu verweilen. Den Aristolochienfaltern der *Papilio latreillei*-Gruppe begegnete man dagegen häufig in den späten Nachmittagsstunden an blühenden Sträuchern, wo sie sehr eifrig saugten und dabei fortwährend mit den Flügeln fächelten. Hier stießen wir auch zum ersten Male auf eine *Callerebia* BTLR. (cf. *hybrida* BTLR.), die sich in recht unbeholfenem, aber ausdauerndem Flug an Waldrändern aufhielt. Die Nymphalidengattung *Precis* HBN. war durch *lemonias* L. zur Stelle und von dem in Nepal besonders artenreich vertretenen Genus *Lethe* HBN. sei *vermasintica* FRUHST. erwähnt. Von den Hesperiiden, die bei Sonnenschein sehr lebhaft waren, muß neben einer *Tagiades* sp. vor allem *Udaspes folus* CR. genannt werden. Für die Acraeide *Pareba issoria anomala* KOLL. hatte die Flugperiode gerade erst begonnen. An den Steinen und niederen Pflanzen in unmittelbarer Nähe des Baches waren die weißen, schwarz gezeichneten Stürzpuppen wie auch frisch geschlüpfte Falter zu finden.

Der Lichtfang war durch die schon vor Mitternacht einsetzende starke Taubildung sowie durch die klaren, kühlen Mondnächte stark beeinträchtigt. Wie zu erwarten, war von der am Ting Sang La festgestellten Heteroceren-Fauna außer ein paar vereinzelten *Gazalina chrysolopha* KOLL., nichts mehr zu bemerken. Die wenigen Arten, die hier an die Lampe kamen, waren fast alle neu für uns, wie z. B. *Alphaea quadriramosa* KOLL., *Mardara caligramma* WKR., *Callimorpha* sp. u. a. Um das Fangergebnis trotz der in den späten Abendstunden schlechter werdenden Witterungsverhältnisse zu verbessern, wurde eine andere Methode mit einigem Erfolg angewandt. Sie bestand darin, mit der Petromaxlampe die umliegenden Sträucher und Büsche abzuleuchten und die daraus aufgescheuchten Tiere zu fangen. Verschiedene Geometriden, die niemals an das Licht kamen, gelangten auf diese Weise in unsere Hände.

Tagsüber konnten hier, wie auch auf dem Weg nach Jiri, halberwachsene Raupen einer an verschiedenen niedrigen Sträuchern lebenden Lasiocampiden-Art eingesammelt werden, die von H. FALKNER im Rucksack aufgezogen wurden. Obwohl die Zucht durch ständige Ortsveränderung mit zeitweiligen Höhendifferenzen von 2000 m pro Tag fortwährend bedroht war, konnte sie doch, nicht zuletzt auch dank der Polyphagie dieser Art, in Khumjung zu einem befriedigenden Abschluß gebracht werden, denn es schlüpfte wenigstens ein Belegexemplar, das mit der in Südasien beheimateten *Trabala vishnou* LEF. entweder identisch ist oder ihr sehr nahe steht. Die Raupe soll an anderer Stelle abgebildet werden.

8 12. Mai: Wanderung durch das Tampa-Kosi-Tal abwärts. Herrliche, ausgedehnte *Pinus roxburghii*-Wälder zu beiden Seiten des Flusses, dazwischen Terrassenkulturen. Auf den Feldern konnten mehrmals Rhesusaffen in größerer Anzahl beobachtet werden und am Abend sogar ein auf einer Föhre sitzender, langgeschwänzter Langur. Etappenziel war die Tampa-Kosi-Brücke bei Bikuti.

13. Mai: Aufstieg durch den Föhrenwald, der mit zunehmender Höhe immer kümmerlicher wird und schließlich ganz aufhört. Die Hänge sind nun, soweit landwirtschaftlich nicht genutzt, mit niedrigem Gebüsch bedeckt, darüber feuchter Laubwald mit Rhododendron, Magnolien usw. Camp unterhalb des »Jiri-Passes« bei 3000 m in einer Mattenregion mit vielen Farnkräutern.

14. Mai: Überquerung des Passes und Abstieg nach Jiri.

VIII 14.–18. Mai: Jiri, 2000 m.

Vegetation: Intensive Bodenbewirtschaftung durch eine vom Schweizerischen Hilfswerk eingerichtete Versuchsfarm. Obenan steht die Gewinnung von Weideland durch Entwässerung sumpfiger Talwiesen. Starke Beweidung durch Wasserbüffel, auch an den Hängen. Dort ist der Bergwald meist nur noch in Form niedriger Laubgehölze (Sekundärwald) anzutreffen, die hangaufwärts von einem kümmerlichen Föhrenwald abgelöst werden. In Bachnähe viele Sträucher, insbesondere Rosaceen. Dort finden wir auch *Alnus*, *Acer* und *Betula*. Zahlreiche Kräuter.

Klima: Tagsüber ziemlich warm, am Abend Abkühlung und Taubildung wie in Bigu. Klare Mondnächte störten den Lichtfang ganz empfindlich!

130

Entomologische Beobachtungen: Zunächst muß erwähnt werden, daß auf dem Weg nach Jiri eine weitere, interessante Bombycide gesammelt werden konnte. Es handelt sich um die zu den *Chalcosiinae* gestellte *Campylotes histrionicus* WESTW., eine sehr auffallende, buntgefärbte, wahrscheinlich nur bei Tage fliegende Art. Wir entdeckten sie beim Aufstieg aus dem Tampa-Kosi-Tal oberhalb der *Pinus roxburghii*-Stufe in der Gebüschzone, wo sie in einem eigenartig tanzenden Flug mit ständiger Auf- und Abwärtsbewegung in großer Anzahl um niedrige Büsche versammelt war. Bei Annäherung wurde dieses Spiel jäh unterbrochen und die Falter trachteten danach, hangaufwärts zu entkommen, wobei sie sich oft senkrecht in die Höhe schraubten.

In Jiri war an die Stelle des farbenprächtigen *Papilio polyctor ganesa* DBL. die nicht minder schöne *Ornithoptera aeacus* FLDR. getreten. Wir hatten sie schon am Sun Kosi beobachtet, wo sie unerreichbar hoch zwischen den Baumwipfeln segelte. Die leuchtend gelben Hinterflügel heben sich dabei kontrastreich von den dunklen Vorderflügeln ab – ein wahrhaft schöner Anblick! Auch hier zeigte die Art das gleiche Verhalten. Ab und zu nascht sie an blühenden Sträuchern, sucht sich aber auch dabei immer die höchsten Zweigspitzen aus. Sie konnte deshalb nur als beobachtet notiert werden*. Sehr häufig auch hier wieder *Papilio latreillei* DON. und *philoxenus* GRAY. sowohl an blühenden Sträuchern als auch gesellschaftlich an Pfützen und ähnlichen feuchten Stellen. Dort stießen wir auch einmal auf Hunderte von Exemplaren der Pieride *Aporia agathon* L., die alle dichtgedrängt beieinander saßen, um an einem nassen Fleck zu saugen. An grasigen Stellen flog *Ypthima* sp., und in einem gebüschreichen Graben war wiederum eine *Neptis* sp. anzutreffen. Die klaren Mondnächte verhinderten auch hier zu unserem Leidwesen einen stärkeren Anflug, weshalb wir mit der Lampe in den schattigen Graben hinabstiegen, wo wenigstens einige Heteroceren aufgescheucht werden konnten, darunter die schöne Drepanide *Oreta obtusa* WKR. und der große, dunkelbraune, mit weißer Bandzeichnung geschmückte Spanner *Erebomorpha fulguraria* WKR. Am Tage wurden an blühender *Rosa* sp. Hymenopteren und Coleopteren gesammelt. An *Betula* war eine kleine, zu den *Melolonthinae* zählende Art häufig (Blattfraß!), während an den trockenen Hängen eine *Cicindela* sp. angetroffen wurde.

9   19. Mai: Weg nach Thodung zunächst durch Kulturlandschaft: schwere Lehmböden, terrassierte Hänge! An den Berglehnen oberhalb dieser Stufe niedrige Sträucher *(Prunus)* und Farne. Hier wird an manchen Stellen die Kartoffel tümpelartig auf kleinen, künstlichen Erdhügeln gepflanzt. Abstieg zum Khimti Khola durch Föhrenwälder. Brücke bei Pete. Steiler Aufstieg nach Sherpa Gong.

20. Mai: Weiter bergauf durch einen Eichenwald (*Quercus* div. sp.), der allmählich in einen feuchten Rhododendren-Koniferenwald übergeht.

IX   20. Mai – 3. Juni: Thodung, 3100 m.

Vegetation: Dem Vegetationsbild am Ting Sang La sehr ähnlich, doch spielen hier Koniferen eine sehr viel größere Rolle! *Abies* und *Picea* im Verband mit *Rhododendron* bestimmen das Bild, dazwischen *Acer, Sorbus* u. a. Auf den Lichtungen vor allem *Arundinaria*, aber auch *Prunus* und *Rubus* waren zu beobachten. Viele Moose und Flechten. Epiphytische Orchideen besonders an *Abies*. Offene Flächen mit Gras und Farnkräutern bedeckt.

Klima: Sehr feucht und kühl. Sonnenstunden relativ selten und meist nur vormittags. Häufig Nieselregen, dazwischen auch stärkere Regenfälle. Abends meistens starke Nebelbildung, was zu einem Temperaturanstieg bis +10°C führte. Hielt der Nebel an, so blieb auch die Temperatur konstant und ging erst in den späten Nachtstunden etwas zurück. Wich der Nebel aber, so sank die Quecksilbersäule schnell bis auf +4°C!

---

*Auf dem Rückmarsch gelang es Freund FALKNER doch noch, am Rande eines Abgrundes ein Belegexemplar (♀) zu fangen.

Hierzu stellt H. FALKNER noch folgende Aufzeichnungen zur Verfügung:

20.5.: 20 Uhr, 10 °C
23 Uhr, 6 °C
Feuchtigkeit 96–100%, starker Nebel. Stärkster Anflug, der dann gegen 22.30 Uhr nachläßt. Wir probieren es mit verschiedenen Fangplätzen.
21.5.: 19 Uhr, 8 °C, Nebel!
22 Uhr, aufklarend, Mond kommt durch. Temperatur jetzt nur noch 5 °C. Anflug hört rasch auf!
22.5.: 19.30 Uhr, 9 °C, Nebel, auch noch um 23.10 Uhr bei 7 °C.
23.5.: Genau wie am Tag vorher:
19 Uhr, 10 °C, Nebel
23 Uhr, 7 °C, Nebel
24.5.: 13 Uhr, 14 °C
18 Uhr, 7 °C
21 Uhr, völlig sternenklar, kein Anflug mehr. Gegen Morgen Gewitter!
25.5.: Am Tage Regen bis gegen 14 Uhr. Ab 21.30 Uhr wieder sternenklar.
26.5.: Den ganzen Tag über Regen. Abends wie am 25.5., fast kein Anflug mehr.
27.5.: 19.30 Uhr, 6 °C. Leichter Regen und guter Anflug. Regen wird stärker, Beendigung des Lichtfanges.
28.5.: Starker Regen, danach sternenklar.
29.5.: Nebel und leichter Regen. Anflug gut.
30.5.: Trotz Nebel und 8 °C kein guter Anflug (dieser Tag fällt ganz aus der Reihe!).
31.5.: Es klart um 21.30 Uhr auf. Kein Anflug mehr.
1.6. u. 2.6.: Kalt und klar. Fast kein Anflug!
3.6.: Obwohl morgen Abmarsch leuchten wir mit dem Bodentuch und haben guten Anflug. Nebel!
22 Uhr, 9 °C.

Entomologische Beobachtungen: Weit mehr noch als am Ting Sang La fiel hier der krasse Unterschied zwischen einer äußerst dürftigen Rhopaloceren- und einer über Erwarten arten- und individuenreichen Heterocerenfauna auf! Der Nachtfang war so erfolgreich, daß wir beschlossen, mindestens vierzehn Tage zu bleiben – ein Entschluß, der sich auch aus Gründen einer langsamen Höhenakklimatisation als richtig erwies. Hier wurde nun eine weitere Fangmethode entwickelt, die dem Terrain und den Witterungsverhältnissen angepaßt war und zu sehr guten Ergebnissen führte. Sie bestand darin, auf einer Waldlichtung ein Leuchtzelt, wie wir es nannten, zu errichten, das den Vorteil hatte, im Nebel ein nach allen Seiten austretendes diffuses Licht zu verbreiten, den Nebel ringsum also gewissermaßen zu durchleuchten. Es bestand aus vier kräftigen Stangen und einem kastenförmig darüber gehängten weißen Moskitonetz. In diesem Zelt befand sich ein niedriger Tisch und darauf zwei 500-Watt-Petromaxlampen. Die anfliegenden Tiere setzten sich an die Außenwand des Netzes und waren hier gut unter Kontrolle zu halten. Jeder von uns hatte alle Hände voll zu tun, die ihm zugeteilten zwei Seiten fortwährend abzusammeln, wobei wir nach dem Ausleseprinzip vorgingen. Solange dichter Nebel anhielt, war der Anflug sehr lebhaft und oft kaum zu bewältigen, er hörte aber sofort auf, sobald es aufklarte. Diese Erscheinung kann mit der in einer solchen Phase sofort einsetzenden Abkühlung erklärt werden, welche die Aktivität der Tiere hemmen mußte. Je dichter der Nebel, desto größer die Aktivität der Tiere!

Eingeleitet wurde der abendliche Lichtfang durch den noch bei Tageslicht beginnenden Hepialidenflug. Mit Einbruch der Dunkelheit kam für gewöhnlich Nebel auf, die Temperatur stieg, und der Anflug setzte ein. Von den vielen registrierten Arten seien hier erwähnt die wiederum sehr häufige, ja massenhaft auftretende *Gazalina chrysolopha* KOLL., die Cymatophoriden *Gaurena florescens* WKR., *sinuata* WARR., *argentisparsa* HMPS. und *albifasciata* GAEDE, alle mit herrlichem goldenem oder silbernem Zeichnungsmuster auf den Vorderflügeln, *Thyatira decorata* MOORE (die asiatische Vicariante unserer »Roseneule«) und *Habrosyne derasa indica* MOORE, die vielen prächtigen Arctiiden wie *Spilarctia* und *Diacrisia* in zahlreichen Formen, *Alphaea fulvohirta* WKR., dann ein weiterer, uns unbekannter Bärenspinner, dem wir seiner hellroten Hinterflügel wegen den Manuskriptnamen *eos* verliehen und den man dem Habitus nach am ehesten mit der australischen *Ardices curvata* f. *nexa* BTLR. vergleichen könnte. An einen großen hellgrauen Spanner erinnerte *Cyclidia rectificata* WKR. Auch die eulenähnlichen *Pydna*-Arten fehlten nicht. Von den

Lymantriiden fiel uns die robuste *Dasychira complicata* WKR. auf, deren Raupe an *Abies* leben dürfte. Recht häufig war auch eine der *sphingiformis* MOORE nahestehende *Mustilia*-Art, die wir schon am Ting Sang La festgestellt hatten. Die schon von dort bekannte *Brahmea* WKR. kam auch hier ans Licht, ebenso *Caligula* MOORE und *Antherea* HBN. Die Flechtenspinner waren durch *Agylla nepalica* DANIEL individuenreich vertreten. Von den Noctuiden seien die durch das zarte Hellgrün der Vorderflügel charakterisierten *Diphtherocome pallida* MOORE und *fasciata* MOORE genannt. Beim Aufweichen wird dieses empfindliche Grün ähnlich wie bei manchen *Hemitheinae* leider in ein weniger schönes Braun umgewandelt. Ferner die große, schon aus Sikkim und West-China bekannte moosgrüne *Eurois tamsi* BRSN., die kleinen, mit tiefschwarzen Makeln geschmückten *Hermonassa*-Arten, *Auchmis* sp., zahlreiche *Amathes* sp., darunter *semiherbida* WKR. mit dunkelgrünen Vorder- und gelben, schwarz gebänderten Hinterflügeln. Mit mehreren Arten wie z. B. *pectinata* WARR., *plumbeola* HPS. und *albovittata* MOORE war auch die Gattung *Euplexia* vertreten. Häufig auch *Hadjina cupreipennis* MOORE, die wir die »Kupfereule« nannten. *Sadarsa longipennis* MOORE fiel sofort durch die langen schmalen, weit über die Hinterflügel hinausragenden Vorderflügel auf. Die Plusien waren nicht so zahlreich wie erhofft. Dafür entschädigten uns die prachtvolle, schon in Kathmandu festgestellte *Cocytodes coerulea* GN., ferner *Valeriodes viridinigra* HPS. und *Hypocala subsatura* GN., in Thodung auch in der f. *limbata* BTLR. Die häufigste Noctuidenart war eine *Perissandria* sp. (cf. *dizyx* PGLR.). Unter den Geometriden waren die *Larentiinae* und *Boarmiinae*, nicht aber die *Hemitheinae* und *Sterrhinae* sehr arten- und individuenreich vertreten! Es wurden u. a. notiert: *Dysstroma* HBN. mit zahlreichen Formen, *Eustroma fissisignis* BTLR., *Hysterura* WARR., *Photoscotosia* WARR., *Triphosa* STEPH., *Perizoma* HBN., *Kuldscha* STGR., *Anaitis fulgurata* GN., *Ennomos* TR. (die aber in Khumjung viel häufiger waren!), *Biston* sp. (zur Sektion *Eubyjodonta* in die Nähe von *clorinda-erilda* gehörend), *Alcis* CURT. u. a. m. Sehr artenreich war auch das Genus *Arichanna* MOORE mit Vertretern aus der *aphanes-eucosme*-Gruppe und den bedeutend größeren aus der *consocia*-Gesellschaft. Eine der *Arichanna flavomacularia* LEECH nahestehende, vielleicht sogar mit ihr identische Art flog in Thodung erst am Abend vor unserer Abreise, war dann aber in den subalpinen Wäldern des Khumbu Himal eine gewöhnliche Erscheinung.

Wie schon einleitend erwähnt, war von Rhopaloceren hier oben kaum etwas zu bemerken. Lediglich die in dieser Höhenlage verbreitete *Issoria lathonia issae* DBL. nutzte die wenigen Sonnenstunden. Einmal beobachteten wir auch einen *Papilio* L. aus der *latreillei*-Gruppe, der hoch in den Baumwipfeln flog, doch offensichtlich vom Talwind heraufgetragen worden war.

Aus der Ordnung *Diptera* ragten zwei Arten heraus, die in großen Massen auftraten. Die eine gehörte zur Unterfamilie *Tipulinae* und war harmlos, doch die andere, eine *Phlebotomus* sp., war – trotz sehr geringer Größe – ihres brennenden und nachhaltig juckenden Stiches wegen sehr lästig. Besonders in Khumjung hatten wir sehr darunter zu leiden! Wiederum wurden auch zahlreiche Käfer gesammelt, insbesondere die unter Steinen verborgenen *Carabidae*. Eine Lucanide, in einem ♂ und ♀-Exemplar gesammelt, hielt sich unter morschem, fauligem Holz auf. Verschiedene Scarabaeiden waren in der Dämmerung recht lebhaft.

10 4. Juni: Steiler Abstieg zu einer uns mit »Bara Ekarga« bezeichneten Ortschaft, für die man aber auf der Survey of India-Karte den Namen Bhandar findet. Ausgedehnte Reis- und Maisfelder. Zur Berichtszeit wurde mit dem Eintritt der Monsunregen gerade Reis gepflanzt, was auch hier ausschließlich den Frauen zufällt. Eine recht amüsante Beobachtung in diesem Zusammenhang soll nicht verschwiegen werden. Sie betrifft die Männer und deren Tätigkeit in den Reisfeldern, die vom Pflügen einmal abgesehen auf einen »musikalischen Beitrag« beschränkt blieb – denn bis zu den Knien im Schlamm watend, hatten die Herren sichtliches Vergnügen daran, auf recht individuellen »Musikinstrumenten« einen Höllenlärm zu veranstalten. Ob wir es hierbei mit einem althergebrachten Zeremoniell zu tun haben, welches vielleicht der Vertreibung böser Geister dienen könnte, ist aber schon eine Frage, die über die Kompetenz des Verfassers hinausgreift! Weiterer Abstieg und Wanderung durch das feuchtheiße, subtropische Likhu Khola-Tal.

X 4. Juni: Kenza, Name für eine recht verstreute, primitive Siedlung im oberen Teil des Likhu Khola-Tales, 1700 m.

Vegetation: Die orographisch rechte Talseite wird hier von teilweise senkrechten, nur mit niedriger Vegetation dicht bedeckten Felsen gebildet. Auf der Talsohle und an den unteren Hängen wechseln Kulturflächen mit den Restbeständen eines Laubwaldes. Das Lager wurde auf geröllbedecktem Boden in Flußnähe errichtet. Dort auch vereinzelt *Quercus* und *Castanopsis*. Strauch- und Krautschicht stellenweise sehr ausgeprägt! Epiphytische Orchideen und Farne.

Klima: Sehr warm und feucht. Messungen wurden an diesem Abend nicht vorgenommen. Kein Nebel!

Entomologische Beobachtungen: Auf dem Weg zum Likhu Khola unterhalb von Bhandar erregte eine mit lockerem Gebüsch bestandene Fläche unsere Aufmerksamkeit, denn hier flog recht vereinzelt während der Mittagszeit eine prächtige *Chalcosia* sp. aus der *auxo*-Verwandtschaft, die sich immer wieder im Blattwerk verbarg. Schon vorher, auf dem Weg von Jiri nach Thodung und später bei Junbesi fanden wir eine weitere verwandte Art: *Illiberis hyalina* KOLL., die sich gleichfalls mit Vorliebe an Gebüschen aufhielt.

Das Likhu Khola-Tal selbst hat subtropischen Charakter. Dementsprechend war auch die Ausbeute, darunter die wunderschöne *Pericallia imperialis* KOLL., *Eterusia* sp. (nächstverwandt zu *magnifica*), *Callimorpha principalis* KOLL., *Leope katinka* WESTW. u.a., alle am Licht gefangen, welches auch von zahlreichen Lucaniden angeflogen wurde. Auf dem Rückweg fanden wir hier bei Tag an einem Strauch hängend *Actias selene* HBN. – übrigens ein Erlebnis von ganz besonderem Reiz, dieser allseits bekannten und in Europa häufig gezüchteten Art einmal in ihrer natürlichen Umgebung zu begegnen! Hier trafen wir auch zum ersten Male auf eine Agaristide, und, gleichfalls während des Rückmarsches, auf zahlreiche Rhopaloceren, die wir im Juni nicht gesehen hatten, darunter *Cyrestis thyodamas* BSD., *Precis iphita* CR. (in einer großen, dunklen Form!), *Loxura atymnus* CR. Auch *Pareba issoria anomala* KOLL. und *Terias herla sikkima* FRUHST. traten hier häufig auf. Ein weiteres Erlebnis im Likhu Khola-Tal während der Rückwanderung war die Begegnung mit der Raupe von *Acherontia lachesis* F., die an einem uns unbekannten, wenige Meter hohen Bäumchen mit großen, etwas filzigen graugrünen Blättern fraß. Freund FALKNER hat auch diese Zucht zu einem erfolgreichen Abschluß gebracht!

11 5. Juni: Aufstieg über Sete (Kloster und Siedlung) durch *Castanopsis-*, *Quercus-*, *Rhododendron-* und *Koniferenwald* zur Paßhöhe zwischen Sete und Junbesi (3500 m)*. Auf dem Kamm *Juniperus recurva*. Abstieg wieder durch dichten Rhododendron-Koniferenwald nach Takhto.

6. Juni: Über Junbesi durch feuchte Nadelwälder nach Ringmo (2900 m).

7. Juni: Aufstieg über Sagar Padi durch dichten Nebelwald über einen 4400 m hohen Paß nach Tanga (Schlucht und Paß, 3800 m, dichter *Rhododendron*-Gürtel).

8. Juni: Abstieg zum Lumding Khola (rechter Nebenfluß des Dudh Kosi), Anstieg und wiederum Abstieg nach Thate oberhalb des Dudh Kosi.

9. Juni: Durch das Dudh-Kosi-Tal aufwärts bis »Thumbu« oberhalb von Benkar. Feuchter Nadelwald vorherrschend; an günstigen Stellen Feldwirtschaft.

10. Juni: Am Zusammenfluß von Dudh Kosi und Bhote Kosi beginnt der direkte Anstieg nach Namche Bazar. Feuchter Nadelwald begleitet uns auch auf dieser letzten Strecke. Von Namche Bazar über den Khumbu La nach Khumjung.

XI 10. Juni – 27. Juni, 11. Juli – 21. Juli, 23. Juli – 26. Juli: Khumjung, 3800 m, Hauptort der Khumbu Sherpa. Etwa 1 km westlich davon liegt Kunde, ein weiteres Sherpadorf.

*Auf dem Rückmarsch entpuppte sich dieser Streckenabschnitt als die schlimmste Blutegelzone, die wir in Nepal erlebt hatten!

Vegetation: Subalpiner Wald mit der sofort auffallenden *Betula utilis* als Charakterpflanze. Hinzu kommen *Abies webbiana, Pinus excelsa, Juniperus recurva*, zahlreiche Rhododendronarten, z.B. *Rh. campylocarpum* und *Rh. wightii, Rosa, Cotoneaster, Prunus, Salix, Viburnum* u.a.m. Den Boden bedecken außer Rhododendren vor allem *Cassiope fastigiata* (zur Berichtszeit blühend!), dazwischen *Primula, Corydalis* und *Leontopodium*. Bemerkenswert ist der Unterschied im Vegetationsbild der beiden Talseiten! So finden wir die Birke nur in N-Exposition (auch am Südhang des Khumbu La fehlt sie noch) vorzugsweise zwischen Gneisblöcken. Auch *Cassiope* hält sich dort auf, bedeckt aber zusammen mit niedrigen Rhododendronbüschen *(Rh. anthopogon, Rh. setosum)* auch offene N-Hänge. *Abies* und *Pinus* reichen von der Kammlinie des Passes bis zum Dudh Kosi hinunter. Der Südhang des Khumbu Ila 5847 m oberhalb von Khumjung erweist sich dagegen als recht steril (Beweidung!). In den oberen Lagen Legföhren, talabwärts treten besonders *Juniperus recurva, Rosa* und *Lonicera* auf, dazwischen neben anderen Kräutern die gelbblühende, hochstenglige *Euphorbia longifolia*, die im Dudh Kosi-Tal, aber auch bei Junbesi, sehr verbreitet ist. In Bachnähe *Rhododendron* und *Salix*. Oberhalb von Kunde finden wir *Pinus* am talabschließenden O-Hang. Als erste, nicht epiphytische Orchidee war dort ein *Cypripedium* zu beobachten.

In der Umgebung der beiden Dörfer werden vorwiegend Kartoffeln angebaut. Die Äcker sind von Wiesen umgeben, die man mit Steinwällen umfriedet hat und die regelmäßig mit Stallmist gedüngt werden. Übrigens sind im Birken- und Nadelwald auch zahlreiche Pilzarten, insbesondere *Boletus* div. sp. vertreten, die von den Sherpa gesammelt und zubereitet werden.

Klima: Beinahe ständiger Nieselregen, besonders am Nachmittag und in den Abend- und Nachtstunden, der im Juli an Heftigkeit zunahm. Temperaturen sehr gleichmäßig um 8°C, bei nächtlichem Aufklaren auf +4°C absinkend. Nur wenige Schönwettertage mit Fernsicht und Tagestemperaturen über 15°C.

Entomologische Beobachtungen: An die Stelle des Nebels, wie wir ihn am Ting Sang La und in Thodung erlebt hatten, trat feiner Nieselregen, der sich in den Abendstunden oft in einen handfesten »Schnürlregen« zu verwandeln pflegte. Der für den Nebelwald aufgestellte Leitsatz bezüglich der Aktivität der Heteroceren gilt aber auch hier, nur daß wir den Faktor Nebel durch Regen zu ersetzen haben: mit zunehmendem Regen zunehmende Aktivität*. Temperatur um +8°C. Bei nachlassendem Regen und anschließendem Aufklaren rapides Absinken der Aktivität bis zur völligen Stagnation des Geschlechts- und Nahrungsfluges. Temperatur jetzt um +4°C. Unser Leuchtzelt, das im Regen zu sehr gelitten hätte, wurde wieder durch ein weißes Bodentuch ersetzt, auf welchem die Lampe stand. In einem dahinter aufgebauten niedrigen Zelt waren die vor Nässe zu schützenden Fanggläser untergebracht. Dieses Verfahren hat sich in Bodensenken und kleinen Talkesseln ausgezeichnet bewährt. An den Hängen, z.B. an dem mit Gneisblöcken übersäten und mit Birken und Rhododendron bewachsenen N-Hang, haben wir dagegen mit einem vertikal aufgespannten Leuchttuch gearbeitet.

Die Heterocerenfauna dieser subalpinen Waldstufe ist derjenigen der Nebelwälder sehr verwandt! Natürlich gab es auch eine Anzahl von Arten, die wir nur hier feststellen konnten, aber eine recht weitgehende Übereinstimmung war doch unverkennbar. Von den Arten, die wir schon in Thodung gefunden hatten, seien erwähnt: *Caligula* sp., *Gaurena sinuata* WARR., *Habrosyne derasa indica* MOORE, *Spilarctia* sp., *Diacrisia* sp., »*Ardices*« sp., *Perissandria* sp. (cf. *dizyx* PGLR.), *Photoscotosia* sp., *Dysstroma* sp., *Triphosa* sp., *Kuldscha* sp., *Arichanna* cf. *flavomacularia* LEECH und *consocia* BTLR. u.a.m. Hinzu kamen: *Drepana rufofasciata* HMPS., *Iridrepana rubromarginata* LEECH, *Dasychira* sp., *Spica* cf. *luteola* SWH., *Heliophobus texturata* ALPH., *Tricheurois tibetica* BRSN., *Apamea fasciata* LEECH, *Hada* sp., *Diarsia* sp., *Amathes* sp., *Chutapha subpurpurea* LEECH, *Auchmis* nov. sp., *Dimya junctura* HMPS., *Electrophaes* sp., *Calocalpe* div. sp., *Triphosa melanoplagia* HMPS., *Stamnodes elwesi* PRT. (die am Tage mit nach Tagfalterart zusammengeklapp-

---

*Unter »zunehmendem Regen« wird der Übergang vom Nieselregen in die nächsthöhere Stufe, nicht aber etwa in einen Wolkenbruch verstanden!

ten Flügeln an Felsen und ähnlichem ruhte), *Abraxas* sp. in großer Variationsbreite, *Ennomos* div. sp. (sehr zahlreich), *Ourapteryx* LEACH in mehreren Arten, ebenso *Opisthograptis* HBN., *Alcis* div. sp., zahlreiche *Hemitheinae* (*Hemistola* div. sp.), Eupithecien in ziemlich großer Individuenzahl u. v. a. Wie schon in Thodung, so wurden auch hier die Leuchtabende durch den noch in der Dämmerung stattfindenden Hepialidenflug eingeleitet. Das Bodentuch mit der darauf placierten Lampe, die noch bei Tageslicht angezündet wurde, hat auf diese sehr niedrig fliegenden Arten besonders anziehend gewirkt!

Die Rhopalocerenfauna enttäuschte dagegen auch hier und stand in keinem Verhältnis zur Anzahl der beobachteten Blütenpflanzen. Die häufigste Art war zunächst wohl *Papilio machaon* L., der unermüdlich an den Hängen und auf den Wiesen flog, um an niedrigen Rhododendronbüschen zu saugen. Es dürfte sich um eine einbrütige Form handeln, denn am 20. Juli waren keine frischen Tiere mehr zu beobachten. Die Flugzeit reicht also wohl von Mai bis August. *Issoria lathonia issae* DBL. konnte auch noch hier auf den Wiesen und grasigen Waldlichtungen festgestellt werden. Am 14. Juni wurde erstmals eine Satyride bemerkt, bei der es sich um die mit unserer *circe* F. nahe verwandten *Brintesia padma* KOLL. handelte. An diesem Tag begann die lange Flugperiode der im Juli ungemein häufig auftretenden, gleichfalls einbrütigen Art, deren Verhalten im übrigen recht differenziert ist. Mitte Juni saßen die ersten frisch geschlüpften Tiere entweder am Weg bzw. an den Hängen mit der für die großen Satyriden typischen mimetischen Flügelstellung, oder sie saugten an den harzigen Jungtrieben von *Abies webbiana*. Schon am 15. Juni konnte die erste Copula beobachtet werden. Später, als die Individuenzahl in zunehmendem Maße anstieg, fanden wir die Falter auch auf Lichtungen, wo sie an Rhododendrontrieben saugten, kopfabwärts an Stämmen oder auf den Blüten eines Strauches. Am 20. Juli waren viele Tiere schon wieder abgeflogen. Der Höhepunkt der Flugzeit dürfte demnach Mitte Juli erreicht sein. Erst im Juli erschien eine *Dodona* sp. (cf. *dipoea*), die sich an Waldrändern und auf Lichtungen aufhielt. Die einzelnen Falter nehmen ein Revier in Beschlag, das sie von den Zweigspitzen der Rhododendronbüsche aus gegen jeden Eindringling durch scharfes Anfliegen verteidigen. Weitere, erst im Juli beobachtete Rhopaloceren waren *Lingamius hardwickei* GRAY und *Colias cocandica tibetana* RILEY, die nachfolgend noch näher behandelt werden. Beide Arten waren hier nur bei Kunde etwas zahlreicher. An den Hängen, zusammen mit der erwähnten *Papilio machaon* L., flog, immer einzeln, auch eine uns sehr wohl bekannte Sphingide: *Celerio galii* L. Es war die von DANIEL (1961) beschriebene ssp. *nepalensis*, von der wir hier, an verschiedenen Stellen des Dudh Kosi-Tales sowie bei Junbesi, an *Euphorbia longifolia* die Raupen oft in großer Anzahl und in allen Entwicklungsstadien fanden. Der Falter selbst kam niemals an das Licht, wohl aber sahen wir ihn vor allem morgens an den Hängen bei Khumjung zwischen niedrigen Rhododendronbüschen, an deren Blüten er saugt, umherschwirren.

Es bleibt noch zu erwähnen, daß unter Steinen wiederum zahlreiche Coleopteren, vor allen Dingen Carabiden, gesammelt wurden. Die eingetragenen Hymenopteren, insbesondere die *Bombus*-Arten, wurden meist an blühenden Rhododendren gefangen.

12   28. Juni: Abstieg in die Dudh Kosi-Schlucht auf dem Weg nach Tangpoche.

XII   21.–22. Juli: Oberes Dudh Kosi-Tal unterhalb von Tangpoche, 3400 m. (Obwohl dieser Biotop erst nach der Rückkehr von Lobuche besammelt wurde, soll er doch schon an dieser Stelle besprochen werden, um die Kontinuität der im Höhendiagramm festgelegten Numerierung zu gewährleisten.)

Vegetation: *Betula utilis* fehlt hier. Dafür zahlreiche *Rhododendron* sp., *Salix, Sorbus* u.a.; hangaufwärts *Abies* und *Pinus*. Auf offenen Flächen *Rosa, Berberis, Prunus, Rubus* u.a.m., dazu reichlich Moose, Farne und Flechten, besonders *Usnea*.

Klima: Sehr feucht! Niederschlagsmenge viel höher als in Khumjung. Temperatur um etwa 5°C höher. Der Lichtfang konnte auch hier bei stärkerem Regen mit außerordentlich gutem Erfolg durchgeführt werden.

Entomologische Beobachtungen: Die beiden Nachtfänge, bei stärkerem Regen durchgeführt, haben uns für den wenig angenehmen Aufenthalt in der vor Nässe triefenden Dudh Kosi-Schlucht reichlich entschädigt. Der Anflug war äußerst lebhaft, bot aber gegenüber dem 400 m höher gelegenen Khumjung nicht viel Neues. Erwähnt werden sollen: *Holcocerus* sp., *Pydna* sp., *Dendrolimus* sp., *Dasychira complicata* WKR., die wir schon in Thodung gefangen hatten, zahlreiche Notodontiden, darunter eine durch sehr langgestreckte Vorderflügel auffallende Art (*Acmeshachia* sp. ?), *Heracula* sp. u. v. a. Unter den Geometriden zahlreiche *Hemitheinae*, *Abraxas* LEACH, *Arichanna* MOORE, *Ourapteryx* LEACH usw.

13   28. Juni: Aufstieg aus dem Dudh Kosi-Tal durch *Abies*- und *Pinus*-Wald mit reichlichem Rhododendronunterwuchs nach Tangpoche (Klostersiedlung, 4000 m).

29. Juni: Der Weg führt nach Überquerung des Imja Khola zunächst nach Pangpoche, 4000 m. Waldgrenze! Beginn der alpinen Gebüsche und Matten. Auch hier werden noch Kartoffeln angebaut, doch ist die Höhengrenze für diese im Sherpaland heute wichtigste Feldfrucht im 300 m höher gelegenen Dingpoche endgültig erreicht. Etappenziel ist Periche.

XIII   29. Juni: Periche, 4250 m, Hochtal, Sommersiedlung, Weideland für Yaks auf Alluvionen (nach LOMBARD, 1953).

Vegetation: Alpine Mattenregion. Sumpfige Talsohle mit ausgedehnten Primelfluren. Vor allem die gelbblühende *Primula sikkimensis* ist sehr verbreitet, daneben *Polygonum, Pedicularis, Potentilla, Meconopsis simplicifolia* u. a. Niedrige Gehölze sind durch *Salix* und *Berberis* vertreten. *Juniperus* bevorzugt die trockeneren Hänge. Niedrige Rhododendren, insbesondere *Rh. setosum*, absolut vorherrschend. Etwas unterhalb von Periche fiel uns eine einzelne *Fritillaria* sp. auf.

Klima: Kühl mit abendlicher Temperatur um $+4°$ C. Kein Niederschlag, Luftfeuchtigkeit daher auch geringer als in der subalpinen Waldstufe.

Entomologische Beobachtungen: Unterhalb von Periche hatten wir die erste Begegnung mit *Colias cocandica tibetana* RILEY, die wir bei Khumjung ja erst im Juli sahen. Sie flog hier recht vereinzelt. Im Hochtal von Periche befand sie sich in der Gesellschaft von *Lingamius hardwickei* GRAY, mit welchem sie das Verhalten gemeinsam hatte, immer wieder zwischen niedrigem Rhododendrongestrüpp unterzutauchen. Es bedurfte schon einiger Mühe, von beiden Arten eine Serie einzusammeln, wobei wir auch einmal mit einer Yakkuh in Konflikt gerieten, die um ihr frisch gesetztes und im Rhododendrongebüsch verborgenes Kalb Sorge trug. Der einzige hier durchgeführte Lichtfang brachte zahlreiche Arten ein, vorwiegend aus der Familie der *Noctuidae*, darunter die schon bekannten *Dimya junctura* HMPS., *Cucullia pullata* MOORE, *Auchmis* nov. sp., *Hada lurida* PGLR., *Tricheurois cuprina* MOORE, *Hadulipolia* nov. spec., *Megaxestia violacea* BTLR. u. a., *Bombyces* und *Geometridae* waren in dieser Höhe kaum noch vertreten.

14   30. Juni: Aufstieg über die Stirnmoräne des Khumbu-Gletschers nach Lobuche.

XIV   30. Juni–6. Juli und 8.–10. Juli: Lobuche, 4975 m, am Khumbu-Gletscher gelegen, Schutzhütte für Hirten und Yaks, höchster Weideplatz. Das Lager wurde zwischen der rechten Seitenmoräne des Gletschers und den Talhängen auf einer etwas überhöhten Stelle errichtet.

Vegetation: Herrliche hochalpine Flora auf feuchten Matten in einem Ablationstal zwischen Talhang und Seitenmoräne des Gletschers! Besonders erwähnt seien *Primula* div. sp., *Gentiana, Ranunculus, Pedicularis, Veronica, Leontopodium* (mehrere Arten!), *Anaphalis, Sedum, Cremanthodium, Erigeron* sowie *Meconopsis simplicifolia* (vereinzelt). Sträucher fehlen. *Juniperus* bei 4300 m (4500 m) zurückgeblieben, Rhododendren stark aufgelockert.

Klima: In den Morgenstunden meist klar und sonnig, später trüb mit zeitweiligem feinem Sprühregen. Temperaturen abends auf $+2°$C absinkend. Am 2. JULI Neuschnee und Temperatur um den Gefrierpunkt.

Entomologische Beobachtungen: Hier waren wir nun endgültig in der hochalpinen Region angelangt. Die Artenzahl ist gegenüber Khumjung, 1200 m tiefer gelegen, gewaltig zusammengeschrumpft! Am Tage flogen *Papilio machaon* L. und *Colias cocandica tibetana* RILEY, die hier beide ihre obere Verbreitungsgrenze erreichen. *Lingamius hardwickei* GRAY flog vereinzelt noch 300 m oberhalb von Periche, ist aber dann an der 4500-m-Marke zurückgeblieben. Sein Fluggebiet überschneidet sich also nicht mit dem von *Parnassius epaphus* OBERTH., welchen wir am Khumbu-Gletscher als zweite *Parnassius*-Art des Khumbu Himal registrieren konnten. Auffallenderweise besiedelt dieser zuletzt genannte Parnassier, der mittlerweile von EISNER als *P. epaphus boschmai* nov. ssp. beschrieben wurde, nur das kleine Ablationstal bei Lobuche. Er konnte weder an den Seitenmoränen oder Berghängen noch im mittleren Gletscherabschnitt bei Gorak Shep beobachtet werden. An einer dunkelrot blühenden *Sedum*-Art fanden wir dagegen noch kleine, wohl halb erwachsene *Parnassius*-Raupen, die aber die Frage offenlassen, ob sie zu *epaphus* OBERTH. oder zu einer anderen, vielleicht erst im August oder schon im Mai schlüpfenden Art gehören*. Verfasser hält ersteres für wahrscheinlich, denn es ist bekannt, daß in einem Biotop gleichzeitig das Imaginal- und Larvenstadium einer alpinen *Parnassius*-Art auftreten kann, was mit den harten Lebensbedingungen im Hochgebirge (lang anhaltende Schneefälle, plötzliche Kälteeinbrüche usw.) und der Notwendigkeit der »Arterhaltung um jeden Preis« zu erklären ist**. Die Abbildung und Beschreibung der Raupe soll an anderer Stelle erfolgen. Die höchste Populationsdichte erreichten hier *Colias cocandica tibetana* RILEY und die in allen Höhenlagen Nepals anzutreffende *Aglais caschmirensis aesis* FRUHST. An die Lampe kamen nur noch wenige Noctuidenarten, darunter *Hada lurida* PGLR., *Tricheurois cuprina* MOORE und *Hadulipolia* nov. spec.

15   6. Juli: Über die Seitenmoränen gletscheraufwärts nach Gorak Shep. Mit zunehmender Höhe rapide Verarmung der Vegetation!

XV   6.–7. Juli: Gorak Shep, 5160 m (Lager), im mittleren Abschnitt des Khumbu-Gletschers gegenüber dem großen Eisfall gelegen. Ausgedehnte Schutthalden (Seitenmoränen), darüber ein langgestreckter Hang (Altmoräne) mit scharfem, von grobem losem Gestein bedecktem Grat. Von hier aus herrlicher Blick auf Mount Everest und Nuptse (Westflanke). Schneegrenze bei 5500 m.

Vegetation: Die meisten der in Lobuche beobachteten Blütenpflanzen fehlen. Sehr niedrige und aufgelockerte hochalpine Vegetation: *Rhododendron nivale, Primula nivalis, Saussurea*, verschiedene Gramineen.

Klima: Trocken und kalt! Gegen 16 Uhr bei sonnigem Wetter noch +10°C, am Abend jedoch bis in Gefrierpunktnähe absinkend. Kein Niederschlag.

Entomologische Beobachtungen: Bei 5300 m hörte das Insektenleben auf – die Höhengrenze war erreicht! Unter den Steinen fanden wir noch wenige Coleopteren, und an die Lampe flogen innerhalb von zwei Stunden bei einer Temperatur von nahe 0°C gerade noch zwei Noctuiden, darunter ein nach BOURSIN wahrscheinlich neues *Dasysternum* sp. Am Tage übte eine einzige Rhopalocerenart unumschränkte Herrschaft aus: *Aglais caschmirensis aesis* FRUHST., deren ökologische Valenz von keinem anderen Himalayafalter erreicht wird. Vom tropischen Fallaubwald der indisch-nepalischen Ebene bis an die Schneegrenze des Hauptkammes reicht ihr Fluggebiet!

Mit Brief vom 19. Mai 1965 hat BOURSIN mir gegenüber übrigens die Frage aufgeworfen, ob nicht auch noch in größeren Höhen Insekten, in diesem Falle Noctuiden vorkommen. Diese Überlegung hat in Anbetracht der weit über 8000 m aufragenden Himalayagipfel gewiß ihre Berechtigung. BOURSIN schrieb u. a. »…es wäre sogar interessant festzustellen, ob gegen 7000 m nicht doch etwas

*Die Larvalstadien der meisten zentralasiatischen Parnassiusarten, darunter auch von *Parnassius epaphus* OBERTH., sind noch unbekannt!

**Verfasser beobachtete selbst im Jahre 1955 am Stilfser Joch (Südtirol) Ende Juni das gleichzeitige Vorkommen von *Parnassius apollo montanus* im Falter- und Raupenstadium!

138

zu finden ist.« Hierzu ist zu bemerken, daß auch am Mount Everest als der höchsten Erhebung unserer Erde bei 6000 m nur noch Schnee und Eis oder zeitweilig aperer Fels vorherrschen. Man kann es sich schwerlich vorstellen, daß dort und noch höher Insekten, *Apterygota* vielleicht ausgenommen, eine Existenzmöglichkeit finden sollten. Allerdings muß an dieser Stelle darauf hingewiesen werden, daß ZIMMERMANN (1953) im Westbecken an der Südflanke des Mount Everest auf einer Moräne in 6350 m noch einige ganz versteckte Pflänzchen (*Androsace, Arenaria* u. a.) gefunden hat. Dennoch bleibt die Tatsache bestehen, daß in Gorak Shep bei der genannten Höhe von 5160 m nur noch zwei Tiere an die Lampe kamen und dies in der für das Imaginalstadium günstigen Jahreszeit, denn selbst noch Ende Mai schwankt dort die Temperatur (ebenfalls nach ZIMMERMANN, 1953) in den Nachtstunden zwischen –3°C und –9°C und dürfte bei ungünstigem Wetter sogar noch tiefer liegen.

Itinerar des Rückmarsches nach Kathmandu

  7. Juli: Zurück nach Lobuche.
10. Juli: Nach Tangpoche.
11. Juli: Nach Khumjung.
27. Juli: Über Namche Bazar nach Benkar (phonetisch, d.h. nach der Aussprache unserer Sherpa »Bemgar«, gleichlautende Notiz in der Fundortliste!) im oberen Dudh Kosi-Tal.
28. Juli: Nach Thate, oberhalb des Dudh Kosi.
29. Juli: Durch die Lumding-Khola-Schlucht nach Tanga.
30. Juli: Über mehrere Pässe nach Junbesi (nicht über Ringmo!).
31. Juli: Nach Sete oberhalb des Likhu Khola.
  1. August: Nach Bhandar (notiert wurde hier Bara Ekarga) unterhalb von Thodung.
  2. August: Nach Jiri unter Umgehung von Thodung.
  3. August: Nach Namdo westlich von Jiri.
  4. August: Über den Tampa Kosi nach Katakote.
  5. August: Nach Rejangu (größerer Ort mit Kloster).
  6. August: Über den Sun Kosi und Indrawati nach Daulaghat.
  7. August: Nach Raphi (Ravi).
  8. August: Nach Banepa am Anfang des Kathmandu-Tales. Von hier aus mit dem Kraftwagen nach Kathmandu.

Entomologische Beobachtungen: Während des Rückmarsches nach Kathmandu, der recht zügig und ohne größeren Aufenthalt verlief, konnte nur noch gelegentlich gesammelt werden. Wir hatten jetzt dafür zu sorgen, das kostbare Sammlungsgut vor Monsunregen, Schimmel und Tropenfäule zu bewahren, eine nicht immer leichte Aufgabe, die uns zwang, das Gepäck, so schnell es eben ging, in trockene, luftige Räume zu schaffen. In Benkar im oberen Dudh Kosi-Tal unterhalb von Namche Bazar wurde noch einmal bei Regen ein Leuchtabend veranstaltet, dessen Ausbeute sich mit der vom 21./22. Juli nahezu deckt. Auch in Tanga (3800 m) kamen am 29. Juli meist nur noch Arten an die Lampe, die wir schon in Khumjung gesammelt hatten. Von den beobachteten und zum Teil auch gesammelten Rhopaloceren seien noch erwähnt: *Papilio polytes romulus* CR., *Lethe confusa* AURIV., die jetzt in den Laubwäldern ziemlich häufig auftrat, *Kaniska canace* L., ebenfalls ein Laubwaldtier, *Loxura atymnus* CR., die sich in Gebüschen aufhält u. a. Auf dem Weg von Junbesi nach Sete begegnete uns beim Aufstieg zum Lamjura-Paß bei etwa 3000 m nochmals eine einzelne, bei trübem, regnerischem Wetter ziemlich hoch fliegende *Campylotes*-Art. Kleiner als *histrionicus* WESTW. könnte sie zu *sikkimensis* ELW. gehören. Im Likhu Khola-Tal und oberhalb von Junbesi – hier fiel es uns ganz besonders auf – vollführten jetzt Tausende von daumenlangen Singzikaden ein weithin hörbares Konzert. Am Likhu Khola selbst war die Luft zudem mit vielen Tausenden schwärmender Heuschrecken erfüllt. Sehr bunt gefärbte Orthopteren bemerkten wir auch bei Namdo und später bei Daulaghat, jedoch meist einzeln auf Büschen.

ZUSAMMENFASSENDE SCHLUSSBETRACHTUNG

Die vorliegende Arbeit stellt eine erste Auswertung der Beobachtungen, Aufzeichnungen und des umfangreichen Bildmateriales der vom Forschungsunternehmen Nepal Himalaya im Jahre 1962 entsandten Entomologengruppe dar. Sie soll den einzelnen Spezialisten, die mit der systematischen Bearbeitung der Ausbeute betraut werden, eine Vorstellung über die von uns besammelten Biotope vermitteln. Eine straffe Gliederung in Vegetation, Klima und entomologische Beobachtungen, bezogen auf alle diejenigen Lokalitäten, an welchen intensiver gesammelt werden konnte, schien dem Verfasser die geeignete Form dafür zu sein.

Abschließend soll noch eine Beobachtung Erwähnung finden, welche die Verbreitung der verschiedenen Lepidopterenarten innerhalb des Forschungsgebietes, im zentralen Himalaya also, betrifft. Dabei handelt es sich um eine während der Feldarbeit sich aufdrängende Beobachtung von sehr unmittelbarer Natur, die bei der Bearbeitung des Materials eingehend überprüft und gegebenenfalls belegt werden sollte. In der Einleitung wurde bereits kurz darauf hingewiesen und von der Bedeutung der vertikalen Verbreitung gesprochen. Diesem Problem haben wir besondere Aufmerksamkeit geschenkt und daher mit unserer Sammeltätigkeit bewußt in den nur 200 m hoch gelegenen Teraiwäldern des Raptitales begonnen, um sie dann im weiteren Verlauf der Expedition in immer höhere Zonen zu verlegen. Dabei konnte festgestellt werden, daß der Laubwaldgürtel an den Südflanken des Himalaya ein ziemlich homogenes faunistisches Gepräge aufweist. Die Mischzone liegt bei 2800 bis 3100 m und kann zugleich als südliche Grenze der Palaearktis angesehen werden. Oberhalb 3000 m begegnen uns nämlich mit Beginn des Nebelwaldes, von wenigen Ausnahmen abgesehen, ganz andere Arten, die uns dann meist bis hinauf in die subalpine Waldstufe begleiten. Wenn also von manchen Autoren auf die verschiedenartige klimatologische Lage der einzelnen Himalayatäler hingewiesen und daraus der Schluß gezogen wird, daß dieses riesenhafte Gebirge mit seiner ungeheuren Zertalung auch eine zu sehr differenzierter Artenverbreitung neigende Entomofauna beherbergen muß, so können die von uns angestellten Beobachtungen eher als konträr zu einer solchen Auffassung angesehen werden. Die in den Laubwäldern am Sun Kosi, bei Bigu im Tampa-Kosi-Gebiet, in Jiri sowie im Likhu Khola-Tal gesammelten Arten stellen, faunistisch gesehen, wahrscheinlich ein einheitliches Ganzes dar. Ob auch die in den Teraiwäldern vorkommenden Arten mit einbezogen werden können, bleibt abzuwarten, da sich die derzeitige Aussage im wesentlichen nur auf Rhopaloceren beziehen könnte. Für diese Familienreihe kann die Frage allerdings eindeutig bejaht werden. Die am Ting Sang La zum ersten Male festgestellte, durchaus palaearktische Lepidopterenfauna des Nebelwaldes haben wir dann in Thodung wiedergefunden. Sie findet ihre Fortsetzung in den subalpinen Wäldern, wie die Aufsammlungen bei Khumjung sowie die nur geringe, im Text nicht weiter erwähnte Ausbeute von Tanga gezeigt haben. Die alpine Stufe beginnt bei 4000 m. Nach BOURSIN (briefliche Mitteilung vom 19. Mai 1965) ist allerdings nur das bei Gorak Shep gefangene *Dasysternum* sp. wirklich hochalpin. Es wäre in diesem Zusammenhang dann freilich interessant zu wissen, ob die anderen bei 4200 bzw. 5000 m gesammelten Arten, wie z. B. *Hada lurida, Tricheurois cuprina, Hadulipolia* sp. und *Megaxestia violacea*, auch in Khumjung und Thodung vorkommen, oder ob sie nicht doch als alpin angesprochen werden müssen. Eine eingehende Überprüfung dieses und weiteren Materials aus den genannten Gebieten wird hier sicher Aufklärung schaffen.

Es hat also den Anschein, als ob es im Himalaya wenigstens zwei horizontale Verbreitungs- oder Ausbreitungszonen gibt, die in ihrem Verlauf durch zwei große, vertikal gegliederte und voneinander abweichende Vegetationsstufen gekennzeichnet werden. Die Arten sind dann, von den bereits erwähnten Ausnahmen abgesehen, entweder der einen oder anderen dieser beiden Vegetationsstufen ökologisch angepaßt. Die erste Zone reicht vom tropischen Fallaubwald bis zum immergrünen Bergwald zwischen 200 und 2600 m und dringt in den Tälern oft weit nach Norden vor, die zweite vom Rhododendron-Koniferenwald bis zum subalpinen Wald zwischen 3000 und 4000 m. Beide Zonen lassen sich zwar nach weiteren Vegetationsgebieten (s. SCHWEINFURTH, 1957), wahrscheinlich aber nicht mehr faunistisch* unterteilen. Wenn, wie mir BOURSIN schrieb (Mitteilung vom 12. Mai 1965), die im östlichen Nepal gesammelten Arten zu einem großen Teil schon aus Sikkim und von West-China beschrieben worden sind, sich andererseits aber nur sehr wenige der vom Kuku-nor bekannt gewordenen Species darunter befinden, so überrascht dies keineswegs. Dieser Hinweis könnte vielmehr als Bestätigung für die hier vertretene Ansicht angesehen werden, denn der so charakteristische Nebelwald ist mit der anschließenden subalpinen Waldstufe nach SCHWEINFURTH (1957) von West-Nepal auf der Südflanke der Hauptkette des Himalaya bis zum Tsango-Durchbruchsgebiet und darüber hinaus bis in das Einzugsgebiet des Mekong verbreitet! Es muß deshalb in Zukunft nachgeprüft werden, ob sich die Verbreitung der »West-China- oder Sikkim-Elemente« nicht mit der Ausdehnung dieses Vegetationsgebietes deckt. Dabei muß aber unter allen Umständen berücksichtigt werden, daß die andere, hier zusammenfassend genannte Vegetationsstufe der südhimalayanischen Laubwälder eine ähnliche Verbreitung hat! Die in der Literatur enthaltenen lakonischen Patriaangaben, wie »Sikkim«, »Kaschmir«, »Nordindien« usw., können nur dann als Erklärung für die Artenverbreitung herangezogen werden, wenn sie eingehend auf ihren Aussagewert über Höhe und genaue Ortsbezeichnung, womit sich in den meisten Fällen auch die betreffende Vegetationszone fixieren lassen dürfte, überprüft worden sind. Es darf angenommen werden, daß man unter diesen Gesichtspunkten zu einer revidierten Vorstellung hinsichtlich der Artenverbreitung innerhalb des Himalayagebirges kommen wird.

*Im Sinne von »Faunenkreis«, nicht »Lokalfauna«!

Literatur

DANIEL, F., 1961: Zygaenidae-Cossidae. – Veröff. Zool. Staatssammlg. München 6: 151–162.

EISNER, C., 1964: Eine neue Parnassius epaphus Oberth. Subspecies. – Zool. Med. Deel. XXXIX, (Parnassiana Nova XXXIV): 185–186.

HAGEN, T., 1960: Nepal, Königreich am Himalaya, Bern.

LOMBARD, A., 1953: Vorläufige Mitteilung über die Geologie zwischen Katmandu und dem Mount Everest (Östlicher Nepal). – In: Berge der Welt, München: 117–129.

MÜLLER, F., 1958: Acht Monate Gletscher- und Bodenforschung im Everestgebiet. In: Berge der Welt, München: 199–216.

SCHWEINFURTH, U., 1957: Die horizontale und vertikale Verbreitung der Vegetation im Himalaya. Bonner geogr. Abhandl. 20: 1–373.

ZIMMERMANN, A., 1953: Pflanzen an der obersten Grenze der Vegetation. – In: Berge der Welt, München: 130–136.

Anschrift des Verfassers:

GÜNTER EBERT, LANDESSAMMLUNGEN FÜR NATURKUNDE, 75 KARLSRUHE, ERBPRINZENSTRASSE 13

ZUR KENNTNIS DER HAUPTBIOTOPE DES EXPEDITIONSGEBIETES KHUMBU HIMAL VOM GESICHTSPUNKT DES ÉNTOMOLOGEN (NEPAL EXPEDITION 1964)

Von Wolfgang Dierl, München

Mit 22 Textabbildungen

EINLEITUNG

Im Rahmen der Expeditionen des Forschungsunternehmens Nepal Himalaya der »Fritz Thyssen Stiftung« konnte ein umfangreiches Insektenmaterial zusammengetragen werden, das nunmehr den Spezialisten zur weiteren Bearbeitung zugeleitet wird. Da die für diese Arbeiten vorhandenen Grundlagen noch äußerst dürftig sind, was in der erst in neuerer Zeit erfolgten Öffnung des Landes für Fremde begründet liegt, sollen im folgenden die geographischen, klimatischen und vegetationskundlichen Verhältnisse des Expeditionsgebietes und besonders der Fundorte geschildert werden, soweit dies einem Zoologen möglich ist. Die Darstellung der speziellen Bedingungen dieses vielfältigen Landes soll es den Sachbearbeitern ermöglichen, Vergleiche zu den umliegenden Gebieten vorzunehmen, eine Tatsache, die für zoogeographische und faunistische Fragen von großer Bedeutung ist.

Die hier wiedergegebenen Darstellungen stammen teils aus Beobachtungen der Entomologen selbst, teils aus der Mitarbeit und Beratung von Mitgliedern des Forschungsunternehmens aus anderen Fachgebieten. Diese sind J. Poelt (Botanik), Expedition 1962, und W. Haffner (Botanik), Expedition 1963, sowie H. Kraus (Meteorologie), Expedition 1963. Den genannten Herren sei an dieser Stelle für ihre Mithilfe herzlichst gedankt.

Weiterhin liegen einige Arbeiten aus der leider noch sehr spärlichen Literatur zugrunde, die an den entsprechenden Abschnitten zitiert werden.

Die Entomologengruppe des Jahres 1962 setzte sich aus G. Ebert und H. Falkner zusammen. Ihre Aufgabe war es, mit fortschreitender Jahreszeit stufenweise in die höchsten Lagen des Expeditionsgebietes vorzudringen (Khumbugebiet). Diese Gruppe hatte außerdem die Möglichkeit, zu Beginn ihrer Arbeit im Tiefland des Terai zu sammeln (siehe vorstehende Arbeit).

Die Gruppe des Jahres 1964 bestand aus W. Dierl und R. Remane. An den Aufsammlungen beteiligten sich auch H. Löffler (Limnologie) und V. Gazert (Arzt). Aufgabe dieser Gruppe war es, möglichst rasch in die höheren Lagen vorzudringen und den Rückweg in Stufen vorzunehmen.

Geographische Übersicht

Nepal erstreckt sich in einer Länge von etwa 800 km und einer Breite von rund 200 km entlang der Südabdachung des Himalaya-Gebirges. Sein Hauptkamm bildet größtenteils die Grenze nach Tibet im Norden, während im Süden noch das Tiefland des Gangesflußsystems in das Land hereinreicht. Seine Landschaft ist außerordentlich verschieden gestaltet, einmal durch seine Lage als Grenzgebiet zwischen dem subtropischen Nordindien und dem Hochland Tibets, zum anderen durch seine Eigenschaft als Gebirgsland mit sehr großen Höhenunterschieden auf kleinstem Raum. Dazu kommt der Klimaunterschied zwischen Ost und West.

Im Süden finden wir die kaum höher als 200 m aufsteigenden feuchten Niederungen des Terai mit ausgeprägt subtropischem Klima. Daraus steigen relativ steil die Siwaliks an, eine Hügelkette, die mit Unterbrechungen fast die ganze Länge des Landes durchzieht. Sie ist stark bewaldet und nur dünn besiedelt. Ihre höchsten Erhebungen liegen um 1500 m. Dahinter liegt eine weitere Bergkette in west-östlicher Ausdehnung, die Mahabharat-Berge. Sie erheben sich steil ansteigend bis über 3000 m. Auch hier findet man noch eine reichhaltige, relativ ursprüngliche Vegetation. Zwischen diesen Bergen und der Hauptkette des Himalaya liegt das nepalische Mittelland in einer Breite von rund 50 km. Es ist Hauptsiedlungsgebiet mit der größten Bevölkerungsdichte, und ursprüng-

142

liche Landschaften sind darin wenig zu finden. Seine Höhe schwankt zwischen 400 und mehr als 2000 m. Da es vorwiegend von nord-süd verlaufenden Bergrücken und dazwischenliegenden tiefen Flußtälern durchzogen wird, weist es ein außerordentlich wechselndes Erscheinungsbild auf. In das Mittelland sind eine Reihe unterschiedlich großer Becken eingelassen, so z. B. das Nepal-Tal, in dem die Hauptstadt Kathmandu liegt. Abschließend im Norden liegt der Hauptkamm des Himalaya. Während er im Osten des Landes (Expeditionsgebiet) mit Ausnahme einiger aus Tibet hereinführender Flußtäler eine kaum unterbrochene Bergkette bildet, die selten niedriger als 6000 m ist, wird das Gebirge nach Westen zu in einzelne Massive aufgelöst und im ganzen niedriger. Hier reichen auch Ausläufer der trockenen tibetischen Hochfläche herein, die im Regenschatten der hohen Berge liegen. Solche Erscheinungen gibt es in Ostnepal nicht. Dagegen ist hier das ganze Gebiet voll dem Monsun ausgesetzt. Im Khumbu-Gebiet selbst bildet der Kamm mit vier über 8000 m hohen Bergen die höchste Erhebung der Erde. Die Expeditionswege sind den beiliegenden Kartenskizzen, Itinerarien und Namenslisten zu entnehmen.

Klimatische Verhältnisse

Über das Klima in Nepal liegen leider nur wenige Nachrichten vor. Obwohl das Land in der ganzen Längenausdehnung vom Monsun erfaßt wird, nehmen die Niederschläge deutlich von Ost nach West ab. Das liegt vor allem an der kürzeren Dauer und geringeren Intensität der Monsunregen im Westen. Dort und im zentralen Nepal kommt es dann auch in den schon erwähnten Regenschattengebieten (z. B. hinter dem Annapurna-Massiv) zu Klimaten tibetischer Prägung. Ost-Nepal weist dagegen volle Monsuneinwirkung auf, die sich durch andauernd hohe Luftfeuchte und starke Niederschläge während der Regenzeit äußert. Man kann prinzipiell drei Jahreszeiten unterscheiden: Winter, Trockenzeit und Regenzeit. Der Winter (November bis Februar) ist in tieferen Lagen niederschlagsarm mit kühlen Nachttemperaturen und kräftiger Insolation tagsüber. In hohen Lagen kommt es zu unregelmäßigen Niederschlägen durch den Wintermonsun. Mit zunehmender Erwärmung im Frühjahr kommt es zur Trockenzeit, die nur im Mittelland einzelne Niederschläge in Form von Wärmegewittern bringt. Ihrem Ende zu sind die höchsten Temperaturen des Jahres. Um Anfang Juni beginnt mit dem Einbruch des SO-Monsuns die Regenzeit, die bis etwa Mitte September anhält. Sie ist charakterisiert durch ständige hohe Luftfeuchtigkeit, Bewölkung und starke Niederschläge. Die Temperaturunterschiede werden in diesem Zeitraum geringer, die hohen Maxima der Trockenzeit werden nicht mehr erreicht. In diese Regenperiode sind einzelne

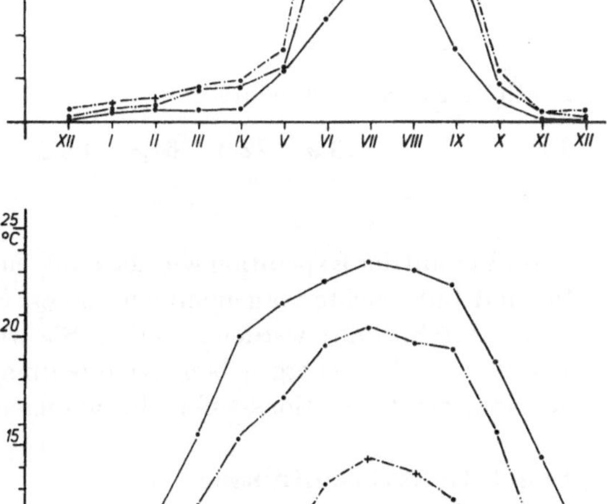

Abb. 1. Mittlere monatliche Niederschläge in mm (oben) und mittlere Monatstemperaturen nach Literaturangaben zusammengestellt. + Werte sind geschätzt. –Kathmandu, –·–·Jiri, –··Thodung

143

heitere Tage, die sog. »breaks«, eingestreut. Auf der Nordseite der Mahabharat-Berge findet man nicht selten Föhnwirkung mit wolkenfreien Zonen über den Tälern. Während in tieferen Lagen die Witterung Mitte September langsam in den trockenen Winter übergeht, kann es in den Hochlagen weiterhin zu Niederschlägen kommen, die in den Wintermonsun übergehen.

In dem beiliegenden Diagramm sind die einzigen langfristigen Wetterbeobachtungen aus Nepal graphisch dargestellt (Abb. 1). Sie stammen von den Orten Kathmandu, Jiri und Thodung. Dargestellt sind die monatlichen mittleren Niederschläge und die entsprechenden Mittel der Temperaturen (vergl. auch folgende Tabelle).

Tabelle

Zusammenfassung der bisher ermittelten Klimadaten in Ostnepal

	I	II	III	IV	V	VI	VII	VIII	IX	X	XI	XII
1. Mittlere Monatstemperaturen												
Kathmandu												
mittl. Maxima	18,1	20,1	25,2	28,8	29,6	29,3	28,7	28,5	28,1	26,8	22,7	18,8
mittl. Minima	2,3	4,4	7,4	11,4	15,8	18,3	20,4	20,2	18,7	13,0	7,6	3,2
Mittel	9,7	11,6	15,5	20,0	21,6	22,6	23,4	23,1	22,4	18,9	14,4	10,5
Jiri												
mittl. Maxima	15,8	18,3	21,2	24,0	24,9	25,2	25,4	24,6	25,6	23,5	19,5	16,2
mittl. Minima	0,6	2,1	4,4	8,2	11,2	15,8	17,5	16,8	15,4	9,3	3,0	0,9
Mittel	7,8	9,7	12,2	15,2	17,2	19,6	20,4	19,7	19,4	15,7	10,2	7,6
Thodung												
mittl. Maxima	—	—	13,4	16,3	16,7	18,5	—	—	16,9	12,8	8,5	0,9
mittl. Minima	—	—	1,5	3,2	4,7	9,2	—	—	8,6	2,8	–2,6	–5,6
Mittel	0,9*	3,0*	5,8	9,3	10,3	13,2	14,5*	13,9*	12,2	9,6	4,3	0,9

* Schätzwerte

	I	II	III	IV	V	VI	VII	VIII	IX	X	XI	XII
2. Mittlere relative Feuchte												
Jiri	73,9	72,0	64,8	68,2	74,0	85,6	88,8	90,2	86,1	78,6	70,9	73,0

Im Verlauf der Expedition wurden einfache Wetterbeobachtungen und Messungen der Temperatur und Luftfeuchte vorgenommen, die aber nur Anhaltspunkte ergaben, da sie nicht in exakter Weise durchgeführt werden konnten. Sie werden bei der Beschreibung der einzelnen Fundorte, soweit sinnvoll, wiedergegeben. Weitere klimatische Daten ergeben sich aus der Höhenschichtung der einzelnen Vegetationsstufen, die im folgenden behandelt werden sollen.

Vegetationsverhältnisse

Die Vegetationsstufen des Himalaya wurden erstmals von SCHWEINFURTH in grundlegender Weise zusammenfassend dargestellt. Aus dieser Arbeit stammen auch die hier gebrauchten Termini. Da sich SCHWEINFURTH nur auf die spärlichen Angaben von vor allem alpinistischen Expeditionen stützen konnte, blieben seine Darstellungen des Expeditionsgebietes unvollständig. Zur Ergänzung und Vervollständigung wurden daher eigene Beobachtungen mit verwertet. Außerdem wurde die Arbeit von KITAMURA herangezogen, die sich allerdings auf Zentralnepal bezieht. Die hier vorgenommene prinzipielle Gliederung wurde von HAFFNER überprüft, der 1963 das Expeditionsgebiet pflanzengeographisch bearbeiten konnte.

Da es sich bei der vorliegenden Arbeit keineswegs um eine speziell vegetationskundliche Darstellung handelt, sondern vor allem eine Zuordnung der Fundorte in Klima- und Vegetationsstufen vorgenommen werden soll, wird bewußt auf Details verzichtet, die das Bild doch nur verwirren würden.

Gliederung der Vegetationsstufen nach SCHWEINFURTH, erweitert nach KITAMURA und eigenen Beobachtungen

Da die Höhengrenzen der einzelnen Stufen – vielfach durch die Exposition bedingt – schwanken, überschneiden sich die Zahlenwerte.

–1000 m (max. bis 1500 m). Tropischer trocken-winterkahler Fallaubwald (feuchter Salwald),
     subtropische Stufe

1300–1600 m *Pinus roxburghii*-Wald

1000–2400 m Tropischer immergrüner Bergwald
   a Stufe der *Castanopsis*
   b Stufe der gemischten Laubhölzer,
     warm gemäßigte Stufe

2400–3100 m Tropischer immergrüner Höhen- und Nebelwald, untere Stufe: immergrüner Laubwald,
     warm gemäßigte Stufe

3100–3600 m Tropischer immergrüner Höhen- und Nebelwald, obere Stufe: Rhododendren-Koniferen-Wald,
     kalt gemäßigte Stufe

3600–4200 m Subalpiner Wald,
     kalt gemäßigte Stufe

4200–5200 m Feuchte alpine Gebüsche und Matten,
     arktische Stufe

Darüber gibt es bis zur Schneegrenze, die zwischen 5500 und 5800 m liegt, noch eine hochalpine Stufe mit Vegetationsresten.

Nach A. ENGLER gehört die Vegetation der subtropischen Stufe zur Monsunregion, die der gemäßigten Stufe zum temperierten Ostasien und die der subalpinen und alpinen Stufen zur zentralasiatischen Region.

Die vertikale Abgrenzung der Vegetation, vor allem der unteren Lagen, ist sehr schwierig. Einmal werden die Grenzen durch die geographische Lage und die Exposition verschoben. Zum anderen werden die Grenzen in den Kulturgebieten verwischt, da hier eine stark veränderte Sekundärvegetation auftritt. Die Höhenangaben sind daher letztlich nur als Näherungswerte zu betrachten.

Vegetationsstufen und ihre Charakterpflanzen nach SCHWEINFURTH

1. Tropischer Fallaubwald

Shorea robusta	*Ficus benjamiana*	*Alsophila*
Duabanga	*Bombax malabaricum*	*Pandanus furcatus*
Terminalia	*Schima*	Aroideen
Dalbergia	*Phoenix humilis*	epiphytische Farne

In dieser Zone dominiert *Shorea robusta*. Der Wald ist aber sicher nicht winterkahl im Gebiet, da eine Reihe immergrüner Formen eingestreut sind. Reine Ausbildung von Beständen ist selten, da sie meist durch Kulturen verdrängt werden. Im Expeditionsgebiet nur in Resten um Kathmandu, um das Becken von Dulikhel, im Flußtal des Indrawati-Sun Kosi und am Tamba Kosi vorhanden. Die Stufe ist nach oben von Kulturland, *Castanopsis* oder *Pinus roxburghii* begrenzt.

2. Pinus roxburghii-Wald

Pinus roxburghii   *Quercus incana*   *Pieris*
Gräser   Farne

Reine Bestände sind nur auf trockenen Hanglagen zu finden. Sie werden durch Gewinnung von Kienspan und Bauholz stark geschädigt. Außerdem wird der Unterwuchs und die Verjüngung durch regelmäßiges Abbrennen zurückgedrängt. Im Gebiet fanden sich Bestände auf dem Hang zwischen Sun Kosi und Chyaubas, einzeln zwischen Ningale und Chittre, sowie wieder in reinen Beständen an den Hängen um den Tamba Kosi. Kleine Bestände gibt es bei Sikri und am Khimti Khola.

3. Tropischer immergrüner Bergwald

a *Castanopsis*-Stufe

Castanopsis indica   *Schima wallichii*   *Engelhardtia*
Lithocarpus   *Alsophila*   *Alnus nepalensis*

Die typische Formation ist nur auf eine schmale Stufe beschränkt und selten, da sie durch Kulturen stark beeinflußt wird.

b Stufe der gemischten Laubhölzer

Litsea lanuginosa   *Cinnamomum glanduliferum*   *Alnus nepalensis*
Quercus lanuginosa   *Myrica esculenta*   *Photinia*
Acer oblongum   *Maesa chisia*   *Pieris*
Eurya acuminata   *Symplocos chinensis*   *Camellia kissi*
Ilex excelsa   *Meliosma pungens*   *Fraxinus floribunda*
Rhododendron arboreum Epiphyten

In dieser Stufe wachsen zahlreiche Laubhölzer ohne eigentliche Dominanz einer Art. Da in dieser Formation die Hauptkulturzone liegt, ist sie vielfach verändert. Häufig treten Buschwälder auf, da die Bestände durch Schneiteln verkümmern. Große Flächen werden von Weiden mit spärlichem niederem Gebüsch und auf Terrassen angelegten Feldern eingenommen. Etwa ab 1500 m beginnt *Rhododendron arboreum*, das von vielen Autoren als Leitpflanze der gemäßigten Klimastufe angesehen wird. Durch Nebel und Tau wird die Trockenzeit gemildert, wodurch einer reichhaltigen Krautschicht und vielen Epiphyten gute Existenzbedingungen gegeben sind. Hier beginnt auch das Vorkommen der Landblutegel, die für diese und die folgende Stufe geradezu charakteristisch sind. Die Formation ist in entsprechender Höhenlage überall verbreitet.

4. Tropischer immergrüner Höhen- und Nebelwald

a immergrüner Laubwald

Quercus, viele Arten   *Magnolia*   *Tsuga dumosa*
Pinus excelsa   *Rhododendron arboreum* Moose
Flechten   Epiphyten

Charakteristisch für diese Stufe ist die Prädominanz immergrüner Eichen. Durch Schneiteln für Viehfutter und starke Holzgewinnung werden die Bestände stark geschädigt. Schon aus größerem Abstand kann man diesen Vegetationstyp daran erkennen, daß die Bäume wie Stangen in den Himmel ragen, da alle Seitenäste fehlen. Wird die Eiche völlig vernichtet, so machen sich *Rhododendron*-Bestände breit, die stellenweise allein vorherrschen. Auch der Weidegang bedeutet eine Selektion zugunsten dieser Gattung. Über dieser Zone liegt fast das ganze Jahr dichter Nebel, der die Ausbildung einer artenreichen, dichten Krautschicht und zahlreicher Epiphyten begünstigt. Orchideen, Moose und Flechten geben dieser eigenartigen Formation das Gepräge. Hier befindet sich auch das stärkste Vorkommen der Blutegel. Untergrenze: Frostgrenze, Obergrenze: Winterschnee bleibt längere Zeit auf S-Hängen liegen (SCHWEINFURTH). Die Formation ist überall in entsprechender Höhenlage vorhanden.

b *Rhododendron*-Koniferen-Wald

Abies spectabilis	*Rhododendron arboreum*	*Pinus excelsa*
Juniperus	*Quercus*	*Acer spp.*
Sorbus	*Rosa*	*Berberis*
Daphne	*Jasminum*	*Syringa*

Vorherrschend in dieser Stufe sind *Abies* und *Rhododendron*. Wo durch menschliche Eingriffe, Weide usw., die Tanne zurückgedrängt wird, macht sich *Rhododendron* breit. Unterholz und Waldränder sind von *Berberis*, *Rosa* und *Daphne* bestanden. Nebel ist häufig und ermöglicht starken Epiphytenbewuchs, überwiegend aus Moosen und Flechten. Nicht selten gibt es dichten Bambus-Unterwuchs. Im oberen Dudh-Kosi-Tal kommt *Tsuga dumosa* und einzeln *Cedrus* vor. Im oberen Teil der Formation ist *Rhododendron campanulatum* und *Betula utilis* eingestreut und bildet den Übergang zum subalpinen Wald. Schnee liegt längere Zeit. Kartoffel und *Fagopyrum tataricum* werden angebaut. Überall in entsprechender Höhenlage.

5. Subalpiner Wald

Betula utilis	*Rhododendron campanulatum*	*Rhododendron sp.*
Juniperus	*Abies spectabilis*	*Prunus sp.*
Sorbus sp.	*Rosa sericea*	*Berberis*
Lonicera	zahlreiche Kräuter	

Diese oberste Waldzone bildet bei 4200 m (Pangpoche) die Baumgrenze. Meist niedrige in Form von Krummholz wachsende Bäume. *Betula* ist vorherrschend, aber stark mit *Rhododendron* vermischt. Letzteres kann auch reine Bestände bilden. Einzelne Gruppen von *Abies* ragen darüber hinaus. An Hanglagen gelegentlich *Pinus excelsa*. Hier liegt das Siedlungsgebiet der Sherpa auf größeren Terrassen der Hänge. Starker Weidegang und Holznutzung beeinflussen die Ausbildung dieser Formation, die zu einer Anzahl expositions- und bodenbedingter Vegetationstypen führen. In der Regenzeit bilden viele blühende Kräuter einen dichten Unterwuchs. Anbau von Kartoffel und *Fagopyrum* ist verbreitet. Diese Formation findet sich überall unter der Baumgrenze.

6. Feuchte alpine Gebüsche und Matten

Rhododendron spp.	*Juniperus*	*Lonicera*
Cotoneaster	zahlreiche Kräuter	

Von der Waldgrenze bis zum Ende zusammenhängender Vegetation erstreckt sich diese Stufe, die in der Regenzeit eine erstaunliche Fülle blühender Kräuter aufweist. Zu unterscheiden sind Krummholzgebiete und Matten. Erstere bestehen je nach Lage und Bodenbeschaffenheit aus *Rhododendron*-Arten (feucht-humos) oder *Juniperus* und *Lonicera* (trocken). Überall sonst die alpine Matte. Das Gebiet wird zur Sommerweide von Yak und Zhom benutzt, wodurch erhebliche Veränderungen entstehen. Der selektive Weidegang führt zum Vorherrschen einzelner Arten, z. B. der Gattungen *Primula* und *Rhododendron*, und der Boden wird durch die Tretsteige des Viehs aufgerissen und erodiert. Spezielle Vegetationstypen finden sich auf den in die Zone hereinreichenden Gletschern und Moränen, Schutthalden und anderen typisch alpinen Bodenformen.

Über 5200 m löst sich die geschlossene Pflanzendecke auf, Einzelpflanzen sind aber noch bis zur Schneegrenze zu finden, die bei 5500–5800 m liegt, an Steilhängen und Felswänden natürlich noch höher. Man hat auf der Südseite des Mount Everest-Massivs noch in 6350 m Höhe Blütenpflanzen gefunden. Diese hochalpine Stufe beherbergt auch noch eine Anzahl Tierarten.

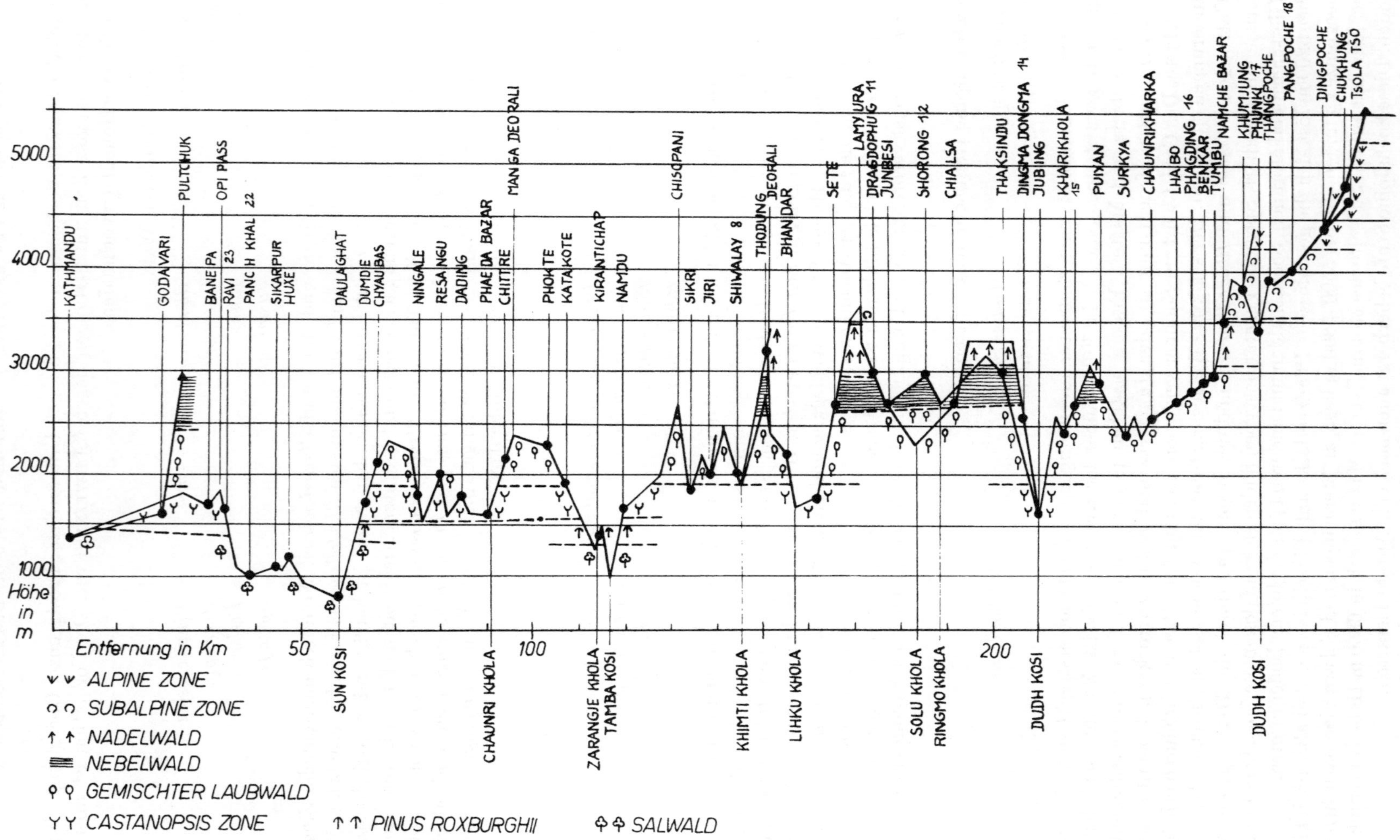

Abb. 2. Wegdiagramm stark überhöht. Die Fundorte und Vegetationsstufen sind entsprechend markiert

Beschreibung der Fundorte

Die ausführliche Beschreibung beschränkt sich mit Absicht auf jene Orte, an denen längere und intensive Aufsammlungen vorgenommen wurden. An Hand topographischer, vegetationskundlicher, klimatischer und einzelner zoologischer Beobachtungen soll von diesen Orten ein Bild vermittelt werden, das den Sachbearbeitern einen Eindruck von den Lebensmöglichkeiten der Tiere gibt. Daneben wurde aber auch unterwegs an den Marschtagen gesammelt. Dieses Material hält sich aber aus verständlichen Gründen in bescheidenen Grenzen, weshalb auf die ausführliche Beschreibung dieser Fundorte verzichtet wird. Die entsprechende Zuordnung in Klima- und Vegetationsstufen ist aus dem Wegdiagramm (Abb. 2, Seite 148) zu entnehmen. Hier sind diese Stufen und Orte eingetragen. Die geographische Lage der Fundorte ist aus der Übersichtskarte (Abb. 3) und den Karten Kathmandu–Khumbu und Terai (Abb. 4 und 5, zwischen Seite 150 und 151) zu entnehmen. Hier sind alle als Fundorte bezeichneten Orte eingetragen, neben den zurückgelegten Wegen. Diese Karten gelten auch für die Gruppe EBERT–FALKNER 1962 (siehe dazu vorstehende Arbeit). Abschließend folgen die Itinerarien der einzelnen Gruppen und eine Synonymieliste der geographischen Namen, da diese nicht in einheitlicher Schreibweise verwendet wurden. Viele Namen unterscheiden sich durch verschiedene phonetische Schreibung, die Verwirrung stiften kann.

1. Kathmandu, 1400 m   14.–22. März, 26. Mai bis 7. Juni, 22. August bis 3. September

Kulturlandschaft in der *Castanopsis*-Stufe, warm gemäßigt.

Die Stadt liegt inmitten eines weiten Beckens, das überwiegend kultiviert ist. Die Aufsammlungen erfolgten im Stadtbereich in den oft sehr vegetationsreichen Garten- und Parkanlagen. Hauptsächlich wurden Tagfalter gesammelt. Die beiden ersten Perioden liegen in der Trockenzeit, die letztere gegen Monsunende. Das Klima ist aus der Tabelle und dem Diagramm zu entnehmen.

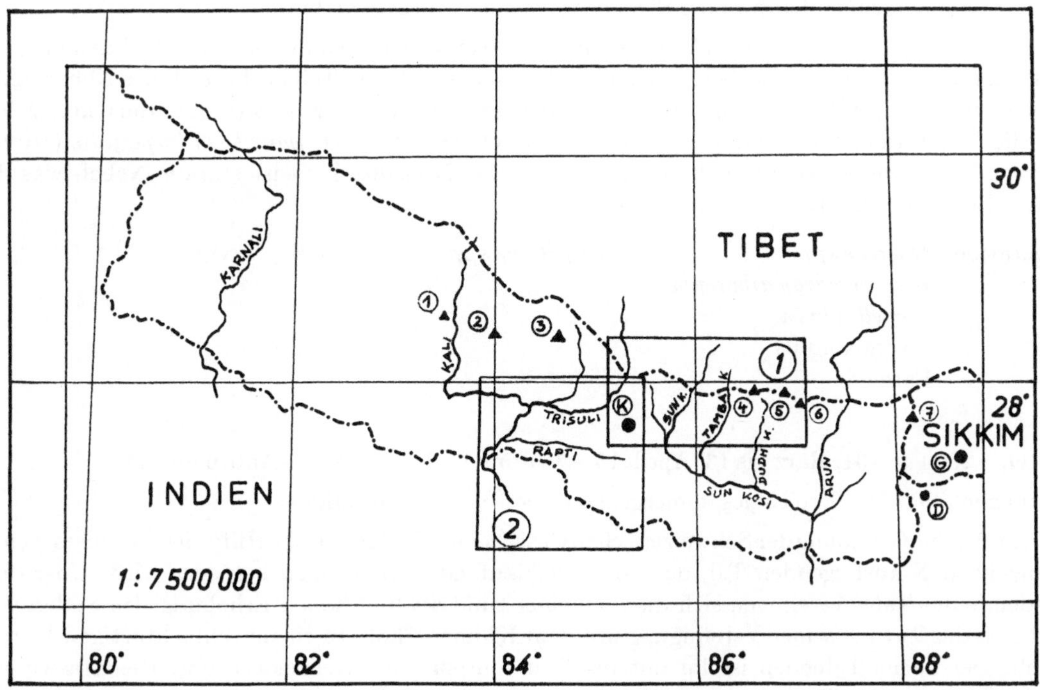

Abb. 3. Übersichtskarte mit eingetragenen Detailkarten. Nach STIELER Handatlas, 1939 Gotha

2. Godavari, 1600 m   31. Mai, 30. August

Stufe gemischter Laubhölzer, warm gemäßigt.

Dieser Ort liegt am Fuß der das Nepal-Becken umgebenden Bergkette SO von Kathmandu. In einem kleinen Tal liegt eine Fischzuchtanlage, die von prächtigen Wäldern umgeben ist. Hier sind auf Terrassen übereinander Fischteiche angelegt, die nachts von Mischlichtlampen beleuchtet werden. Die anfliegenden Insekten sollen den Fischen als Nahrung dienen. Der Anflug an diese Lampe ist nach Arten und Individuen sehr groß und lieferte eine beträchtliche Ausbeute. Vor allem Sphingiden waren in großer Zahl vorhanden. Der Leiter dieser Anlage, Herr ZWILLING, vermittelte eine weitere Ausbeute, die bei der Bearbeitung mit berücksichtigt wird. Die erste Fangzeit liegt in der Trockenzeit, die zweite gegen Monsunende.

Vegetation: *Litsea lanuginosa*   *Meliosoma pungens*
          Cinnamomum glanduliferum   *Fraxinus floribunda*
          Alnus nepalensis   *Pyrus pasha*
          Quercus   *Prunus cerasoides*
          Myrica esculenta   *Schima wallichii*
          Photinia integrifolia   *Melastoma*
          Acer oblongum   *Osbekia*
          Maesa chisia   *Begonia spp.*
          Pieris ovalifolia   *Impatiens spp.*
          Eurya acuminata   *Pinus roxburghii*
          Symplocos chinensis   *Castanopsis indica*
          Camellia kissi   *Rhododendron arboreum*
          Ilex excelsa

3. Pultschuk, 2500–2700 m   30. Mai, 27. August (Phulchoki)

Stufe des immergrünen Laubwalds, Eichen-Nebelwald, warm gemäßigt.

Dieser Berg erhebt sich über Godavari bis über 2700 m. Er wurde im Verlauf von Exkursionen von Kathmandu aus bestiegen, wobei hauptsächlich in seinem oberen Teil im Bereich des Nebelwaldes gesammelt wurde. Zahlreiche Epiphyten und dichter Unterwuchs, z.T. Zwergbambus, kennzeichnen die Vegetation. Das Gipfelplateau ist entwaldet. Hier fliegt *Teinopalpus imperialis* (HOPE). Während des zweiten Besuches herrschte infolge der Monsunzeit meist starker Nebel, was das Sammeln sehr erschwerte.

Vegetation: *Quercus spp.*   *Impatiens spp.*
          Rhododendron arboreum
          Camellia kissi
          Zwergbambus
          Farne

4. Jiri, 2000 m   31. März bis 13. April, 15.–20. Juni, 9.–14. August   (Abb. 6 und 7)

Warm gemäßigt, im Bereich des immergrünen gemischten Laubwaldes.

Der Ort, eine Gründung der Schweizerischen Gesellschaft für technische Hilfe, liegt in einem gleichmäßig nach N ansteigenden Tal, das von gleichlaufenden Bergzügen begrenzt wird. Über dem Nordende des Tales vereinigen sich diese zu einer rund 4000 m hohen Erhebung. Im Süden verengt sich das Tal vor seiner Vereinigung mit dem Khimti Khola zu einem schluchtartigen Durchbruch. Der flache Talboden ist im unteren Teil sumpfig, mit Reisfeldern und Riedgraswiesen. Nach oben wird das Tal trockener. Hier liegen ausgedehnte Weideflächen, oft mit lockerem Gebüsch bestanden, und darüber große Kulturflächen. Das Tal ist von mehreren Bächen durchzogen,

Additional material from *Khumbu Himal,*
ISBN 978-3-642-49623-3, is available at http://extras.springer.com

Abb. 6. Jiri 2000 m, 10. April, Blick auf das Tal in S-Richtung von der ersten Hangterrasse. Der Talgrund ist von Weideflächen bedeckt, die hinter der Musterfarm sumpfig sind. An den Hängen Buschwald und Terrassenkulturen

Abb. 7. Jiri, 2000 m, 8. April, Blick gegen den Ausgang des Tals in SO-Richtung. Die teilweise tief eingeschnittenen Bachläufe zeigen eine charakteristische Ufervegetation

151

die meist tief eingegraben sind und steile dicht bewachsene Böschungen aufweisen. Die beidseitigen Hänge sind bis 200 m über der Talsohle von stark genutztem Laubwald bestanden, der infolgedessen meist nur als Buschwald entwickelt ist. Sehr stark exponierte Hänge sind kahl oder von *Berberis*-Gebüsch bestanden. In das Haupttal münden kurze, aber tief eingeschnittene Seitentäler. Hier findet man infolge höherer Feuchtigkeit in der Trockenzeit und relativ schwerer Zugänglichkeit noch gut entwickelten Laubwald. Darüber liegt auf einer Abflachung der Hänge eine Kulturzone, die bis 2600 m an den Unterrand des Nebelwaldes reicht. Witterung: Während des ersten Aufenthaltes in der Trockenzeit wenig Niederschläge. Morgens und mittags heiter, dann Wolkenbildungen, die manchmal zu kurzen, heftigen Gewittern führen. Abends und nachts starker kalter Bergwind, tagsüber warmer Talwind. Die täglichen Temperaturunterschiede sind groß. Gemessene Minima eines frei hängenden Thermometers: 5–13° C. Letzter Aufenthalt: Zweite Monsunhälfte mit wechselnder Bewölkung. Vormittags meist aufgeheitert über dem Tal, nachmittags Regen, gegen Abend oft leichte Aufheiterung, nachts aber wieder Regen. Nebel findet sich erst etwa 200 m über der Talsohle. Auch jetzt herrscht nachts meist starker Bergwind. Die Temperaturen sind ziemlich hoch, aber ausgeglichener als in der Trockenzeit.

Vegetationstypen:

1. Sumpfige Wiesen

2. Trockenwiesen mit Gebüsch und Bachufervegetation

3. Laubwald der Hangseiten und Seitentäler

Fangplätze: 31. 3. TF 2
        1. 4. TF 2 LF 2+3
        2. 4. TF 2 LF 2+3
        4. 4. TF 3
        5. 4. TF 2 LF 3
        6. 4. TF 2 LF 3
        7. 4.   LF 2
        8. 4.   LF 3
        9. 4. TF 2 LF 2
      10. 4. TF 1 LF 3
      12. 4. TF 3
      13. 4. TF 2

        8. 8. TF 2
        9. 8. TF 2 LF 2
     10. 8. TF 2 LF 3
     11. 8. TF 1 LF 2
     12. 8. TF 1 LF 3
     13. 8. TF 2 LF 1 (bei sehr starkem Regen)

Während der Lichtfang in der Trockenzeit durch starke Abkühlung und Wind ungünstig war, wurde er in der Regenzeit durch starken Regen besonders begünstigt. Die anfliegenden Insekten lassen sich dadurch nicht behindern.

Vegetation: 1. Riedgräser
        Schilf
        Reisfelder
        Prunus

   2. Gräser
        Gentiana
        Potentilla spp.
        Prunus
        Cornus
        Rosa
        Alnus nepalensis
        Salix

3. *Quercus spp.*
   Pieris ovalifolia
   Myrica esculenta
   Fraxinus floribunda
   Rhododendron arboreum
   Pinus roxburghii
   Berberis
   Mahonia
   Coelogyne cristata

5. Thodung, 3200 m   14.–21. April   (Abb. 8)

Kalt gemäßigt, im Bereich des *Rhododendron*-Koniferenwaldes.

Der Ort liegt auf einem N-S laufenden Bergrücken östlich von Jiri. Inmitten ausgeprägter und gut erhaltener *Abies-Rhododendron*bestände liegen größere Lichtungen, die für die Sommerweide benützt werden. Diese sind mit locker stehenden Gebüschgruppen von *Rhododendron, Berberis, Daphne* und *Rosa* bedeckt. Der Boden trägt zahlreiche Kräuter, die während der Fangperiode noch kaum ihr Wachstum begonnen hatten. Ähnliches Gebüsch bildet auch die Waldränder, während der *Abies*-Wald selbst wenig Unterwuchs enthält, aber viele Epiphyten, Flechten, Moose und Orchideen aufweist.

Witterung: Infolge der frühen Jahreszeit noch recht kalt. Der Vormittag ist meist klar und kühl. Gegen Mittag Erwärmung und Wolkenbildungen, die nachmittags oft zu Gewittern führen. Gegen Abend wieder aufklarend und in der Nacht starke Abkühlung. In der späten Nacht kommt es oft nochmals zu Gewittern mit Graupeln. Die abendlichen Nebel liegen unter dem Standort.

Gemessene Minima: 2–6,5° C, Maxima 9–19° C

Vegetationstypen:

1. *Abies*-Wald in fast reinen Beständen
2. Größere Bestände von *Rhododendron arboreum*
3. Vegetation der Lichtungen und Waldränder

Die Fangplätze liegen stets in Waldnähe, an seinen Rändern und den Lichtungen.

Das Aktivitätsminimum liegt hier bei 5° C. Darunter ist kein Anflug mehr zu beobachten. Am ersten Abend wurde der Fang durch Nebel stark begünstigt.

Abb. 8. Thodung, 3200 m, 16. April, Blick gegen N über eine Lichtung im Abies-Wald. Zahlreiche blühende Büsche von *Rhododendron arboreum* sind über das Gebiet verstreut und bilden auch die Waldränder. Daneben findet man blühende *Daphne* und *Berberis,* deren Vegetationszeit noch nicht begonnen hat

Vegetation: *Abies webbiana*   *Cotoneaster*
             Rhododendron arboreum   Zwergbambus
             Acer   *Primula spp.*
             Berberis   *Ranunculus spp.*
             Daphne   *Potentilla spp.*
             Rosa sericea   Moose, Flechten

6. Bhandar, 2200 m   2.–6. August   (Abb. 9 und 10)

Warm gemäßigt, im Bereich des immergrünen gemischten Laubwaldes.

Unter dem Steilabfall von Thodung erstreckt sich in südlicher Richtung ein weitgehendes Plateau. Beginnend bei 2500 m am Fuß des Berges fällt es flach nach Osten auf 2200 m ab. Dort führt ein sehr steiler Hang zum Flußlauf des Likhu Khola hinunter. Die diese Terrasse begrenzenden Hänge tragen den schon von Jiri bekannten Laubbuschwald. In der zum Likhu Khola abfallenden Schlucht, die das Plateau entwässert, finden wir dagegen einen feuchteren Laubwald mit überwiegend *Alnus nepalensis* in schönen Beständen. Der obere Teil der Terrasse wird hauptsächlich von Kulturflächen eingenommen, dagegen gibt es im unteren Teil trockene Weiden mit einzelnem Gebüsch. In dem flachen Bachtal liegen Sumpfwiesen und Reisfelder.

Witterung: Die Fangperiode liegt in der zweiten Monsunhälfte mit andauernd hoher Luftfeuchte. Das Wetter ist nicht mehr konstant schlecht. Tagsüber meist aufgeheitert und sonnig, nur über den Bergen wolkig. Am frühen Nachmittag und nachts Regen. Am Abend steigen Nebel aus den Tälern herauf und begünstigen den Lichtfang sehr. Die Temperaturen sind gleichmäßig hoch, ohne große Unterschiede.

Abb. 9. Bhandar, 2200 m, 4. August, Blick gegen O auf den feuchten Schluchtwald mit *Alnus nepalensis*

Abb. 10. Bhandar, 2200 m, 4. August, Blick nach SW über die Reisfelder und Sumpfwiesen im Talgrund. Der Hang wird im unteren Teil von Terrassenkulturen, im oberen Teil von Laubbuschwald bedeckt

Abb. 11. Junbesi, 2750 m, 26. Juli, Blick nach S über das Tal des Solu Khola. Die Flußböschungen sind mit dichtem Laubgebüsch bedeckt. Der Wald auf dem O-Hang besteht hauptsächlich aus *Pinus excelsa,* während die W-Seite von Feldern und Weiden eingenommen wird

Vegetationstypen:

1. Nasse Wiesen und Reisfelder
2. Trockene Wiesen mit Laubgebüsch
3. Laubbuschwald
4. Schluchtwald mit *Alnus nepalensis*

Fangplätze: 2. 8.   LF 2+4
            3. 8. TF 1   LF 2+4
            4. 8. TF 1+4   LF 2+4
            5. 8. TF 3+4   LF 3+4
            6. 8. TF 2+3

Vegetation sehr ähnlich der von Jiri. Daneben ein ausgeprägter Schluchtwald mit *Alnus nepalensis*.

7. Junbesi, 2750 m   25.–31. Juli   (Abb. 11 und 12)

Kalt gemäßigt, Bereich der Übergangsstufe Eichen-Nebelwald zu Koniferenwald.

Der Ort liegt in dem N-S laufenden Tal des Solu Khola. Die Hänge, soweit sie nicht zu steil sind, sind auf der W-Seite wie der Talboden selbst mit Kulturflächen bedeckt. Die steilen Hangseiten, die Nebenschluchten und die Uferböschungen sind mit Waldresten und dichtem Gebüsch bedeckt. Auf der orographisch linken Seite des Flusses reicht der Pinus excelsa-Wald bis zum Fluß herunter und wird nur von kleinen Weideflächen unterbrochen. Das Lager, um das Lichtfang betrieben wurde, liegt dicht über dem Fluß, etwa 150 m vom Nadelwald der anderen Seite entfernt. Im Einflußgebiet der Lampen liegen alle genannten Biotope.

Abb. 12. Junbesi, 2750 m, 26. Juli, Blick in das Solu-Khola-Tal nach N. Der *Pinus excelsa*-Wald endet im oberen Teil, um ausgedehnten Weideflächen Platz zu machen. Neben dem Fluß abgeerntete Getreidefelder

Witterung: Andauernd hohe Luftfeuchte. Bewölkung meist sehr stark und in drei Schichten. Nur am Vormittag gelegentlich etwas Sonne. Nachmittags und nachts anhaltend leichter Regen, manchmal den ganzen Tag. Am Abend ziehen Nebel über den Talboden aufwärts, die den Lichtfang sehr begünstigen. Mittlere Temperaturen ohne große Schwankungen.

Vegetationstypen:

1. Feuchter Nadelwald, *Pinus excelsa* vorherrschend
2. Laubbuschwald und Ufergebüsch
3. Kulturland, Äcker und Weiden
Alle Funddaten liegen in diesem Bereich

Vegetation: *Pinus excelsa* *Pieris ovalifolia* *Rosa sericea*
 Rhododendron arboreum *Alnus nepalensis* *Clematis*
 Quercus spp. *Myrica esculenta*

8. Chialsa, 2700 m 24. April bis 1. Mai (Abb. 13)
Warm gemäßigt, Bereich des Eichen-Nebelwaldes.

Chialsa liegt am Südhang eines von Norden kommenden Bergzuges, der Solu Khola und Dudh Kosi trennt. Der Hang läuft gleichmäßig mit mittlerem Gefälle zum Solu Khola hinunter (2100 m). Das Gebiet ist dicht besiedelt und der größte Teil der Flächen mit Feldern, die häufig brachliegen, bedeckt. Nur auf den Böschungen, die zwischen den Feldterrassen liegen, und den zu Tal führenden Bachschluchten ist Wald in Resten erhalten. An einzelnen steileren Hängen und um einige Lamatempel sind schöne Bestände von *Pinus excelsa* vorhanden. Die Eichen sind hier, wohl

Abb. 13. Chialsa, 2700 m, 27. April, Blick nach SO. Die brachliegenden Felder sind von Laubgebüsch eingesäumt. Darunter befinden sich einzelne *Pinus excelsa*. Um die Gömpa im Hintergrund findet sich ein kleiner dichter Bestand dieses Baumes

infolge von Kulturmaßnahmen, weitgehend verdrängt. Die Vegetation entspricht dem mittleren Frühjahr.

Witterung: Sehr wechselnd. Trübe Tage mit längeren Regenfällen wechseln mit schönen Tagen mit nur leichter Bewölkung über den Bergen. Eingestreut sind kurze Gewitter mit starken Schauern. Abends steigen Nebel aus dem Tal herauf. Gewitter und nächtliches Aufklaren bringen starke Abkühlung. Gemessene Temperaturen: Minima 4–10° C, Maxima um 20° C.

Vegetationstypen:

1. Brachliegendes Kulturland
2. Eichen-Nebelwald in Resten, meist als Buschwald
3. Bestände von *Pinus excelsa* mit reichem Unterwuchs

Fangplätze:	24. 4.		LF 1+2	Vegetation:	*Pinus excelsa*	*Clematis spp.*
	25. 4.	TF 1+2			*Rhododendron arboreum*	*Jasminum*
	26. 4.		LF 1+2		*Quercus spp.*	*Potentilla*
	27. 4.	TF 1	LF 1–2		*Pieris ovalifolia*	*Gentiana*
	28. 4.		LF 2+3		*Myrica esculenta*	*Ranunculus*
	29. 4.	TF 1+2	LF 3		*Rosa sericea*	
	30. 4		LF 1+2			
	1. 5.	TF 1				

Abb. 14.
Jubing, 1600 m, 8. Mai, Blick nach NW in die Schlucht eines Nebenflusses des Dudh Kosi. Der feuchte NW-Hang ist mit dichtem Laubwald bestanden, die SO-Seite dagegen trocken und felsig mit einzelnen *Pinus-* und Laubbäumen. Am hinteren Feldrand wurde *Epizygaena caschmirensis* KOLLAR gefunden

9. Jubing, 1600 m   3.–13. Mai, 20.–23. Juli   (Abb. 14)

Warm gemäßigt, Bereich des castanopsisgemischten Laubwaldes.

Der Platz liegt an der orographisch rechten Seite des Dudh Kosi nahe der Einmündung eines aus Westen kommenden kleinen Seitenflusses auf dessen rechter Seite. Die von den Flüssen aufsteigenden Hänge sind durchwegs steil und je nach Exposition unterschiedlich bewachsen. Die rechte Seite des Dudh Kosi und die linke Seite seines Nebenflusses sind felsig und trocken. Sie sind von lockeren Beständen der *Pinus excelsa* bewachsen. Hier ist nur ein dünner Grasunterwuchs vorhanden. Im oberen, flacheren Teil dieser Hänge kommen noch einzelne Eichen und Rhododendren hinzu. Die gegenüberliegenden feuchteren Schattenseiten sind von einem dicht geschlossenen hohen Laubwald bedeckt, der stark gemischt ist. Es handelt sich keineswegs mehr um den typischen *Castanopsis*-Wald. Zahlreiche Epiphyten und Unterwuchs zeigen größere Feuchtigkeit an. In der Schlucht des Dudh Kosi selbst finden wir eine üppige Ufervegetation, die in geringerem Maß auch an dem Nebenfluß zu finden ist. Über dem Fluß, etwa 200 m höher, werden die Talseiten flacher. Hier liegt die Kulturzone. Das Lager befindet sich vor einem kleinen Feld zwischen Nebenfluß und feuchtem Laubwald.

Witterung, 1. Periode: Das Wetter dieser Zeit ist warm und trocken mit geringen Unterschieden. Tagsüber ist es meist heiter, Wolkenbildung nur über den Bergen. Gelegentliche kurze Gewitter bringen einige Niederschläge. Gemessene Temperaturen: Minima 13–17° C, Maxima um 25° C.

2. Periode: Entsprechend der Jahreszeit, zweite Monsunhälfte, gleichmäßig warm und feucht, aber nicht andauernder Regen. Vormittags ist es meist nur über den Bergen wolkig. Zu Mittag erfolgt Eintrübung, die später zu Regen führt, der bis zum frühen Morgen andauert. Kein Nebel.

Vegetationstypen:

1. Gut entwickelter, feuchter, dichter Laubwald mit Epiphyten
2. Bestände von *Pinus excelsa* auf felsigem Untergrund
3. Feuchte Gebüschvegetation der Flußufer

Fangplätze:	3. 5.	LF 1+3	20. 7. TF 3	LF 1+3
	4. 5. TF 3	LF 1	21. 7. TF 3	LF 1+3
	5. 5. TF 3	LF 2+3	22. 7. TF 1 + 3	LF 1+3
	6. 5. TF 3	LF 1+3	23. 7. TF 3	
	7. 5. TF 1 + 3	LF –		
	8. 5. TF 3	LF 1+3		
	9. 5.	LF 1+3		
	10. 5. TF 1+3	LF 1+3		
	11. 5.	LF 1+3		

Vegetation:	*Pinus excelsa*	*Litsea lanuginosa*	*Abizzia*
	Rhododendron arboreum	*Myrica esculenta*	*Cornus*
	Alnus nepalensis	*Pieris ovalifolia*	*Dendrobium densiflorum*
	Castanopsis indica	*Lithocarpus*	Epiphyten
	Schima wallichii	*Engelhardtia*	

10. Jubing, 2600 m   2. Mai

Warm gemäßigt, Bereich des Eichen-Nebelwaldes.

Auf dem Weg von Chialsa nach Jubing wurde hier eine Nacht gelagert und Lichtfang betrieben. Der Platz liegt inmitten des Eichen-Nebelwaldes, der hier stark mit anderen Laubhölzern vermischt ist. In den Wald sind Lichtungen gerodet, die als Weiden dienen. Diese sind relativ feucht, mit reichem Gras- und Kräuterbewuchs. Zur Fangzeit herrschte starker Nebel.

11. Carikhola, 2700 m 14. Mai (Karikhola)

Warm gemäßigt, Bereich des Eichen-Nebelwaldes.

Hier war das erste Zwischenlager auf dem Weg nach Khumjung. In den prächtigen Eichenwäldern, die mit Magnolien untermischt sind, liegen kleine Lichtungen für Weidezwecke. Das Gebiet ist sehr feucht, zahlreiche Epiphyten bedecken die Baumstämme. Am Abend wurde hier bei Nebel und Regen Lichtfang durchgeführt.

12. Bujan, 2900 m 18.–19. Juli (Puiyan) Abb. 15

Warm gemäßigt, Bereich des Eichen-Nebelwaldes.

Der Rückmarsch wurde an dieser Stelle einen Tag unterbrochen. Sie liegt inmitten des typischen Nebelwalds. Auch hier finden sich grasige Lichtungen im Wald, die als Weiden dienen. Das Gebiet ist extrem feucht. Zahlreiche Epiphyten und dichter krautiger Unterwuchs kennzeichnen dies. Landblutegel sind häufig.

Witterung: Fast den ganzen Tag herrscht Nebel und Nieselregen. Nur morgens wird die Bewölkung dünner. Der Tagfang ist sehr gering.

Abb. 15.
Bujan, 2900 m, 19. Juli, Blick nach N in den typischen Höhen-Nebelwald mit durch Schneiteln verstümmelten *Quercus* spec. und mächtigen *Magnolia*-Bäumen. Die feuchten Lichtungen werden für die Weide benützt. Nebelbildung ist häufig

13. Chaunricharka, 2400 m   15. Mai

Zwischenlager auf dem Weg nach Khumjung. Das Lager liegt über dem Dudh Kosi in einer mäßig steilen Blockhalde zwischen dem Laubbuschwald der Hangseite und Weideflächen, die mit einzelnem Gebüsch bestanden sind. Lichtfang bei kühlem Wetter und klarem Himmel.

14. Khumjung, 3800 m   17.–28. Mai, 15. Juni bis 3. Juli, 11.–15. Juli   (Abb. 16–18)

Subalpine Stufe und Klima, *Betula-Rhododendron*-Wald.

Khumjung liegt am Südhang des Berges Khumbhila (Khumbui Yul La, etwa 5800 m), auf einer Terrasse, die nach SO abfällt. Diese ist rundum von einer nach Westen höher werdenden Bergkette umgeben, die schließlich in die Westflanke des Khumbhila ausläuft. Eine Öffnung in dieser Kette im Osten führt zu einem mäßig tiefen Graben, der steil zum Dudh Kosi abfällt. Die Siedlung der Sherpa selbst liegt verstreut am Fuße des Berges inmitten von mit Steinmauern umgebener Äcker. Auf den tieferen Lagen der Terrasse liegen Kiesaufschüttungen eines Monsunbaches, und am Rand der Hügelkette eingefriedete Wiesen, auf denen Heu gewonnen wird. Der steile, südexponierte Hang über der Siedlung weist nur eine niedere Vegetation auf, die teils durch die Lage, teils durch die starke Beweidung bedingt ist. Während in höheren Lagen über dem Ort niedrige *Juniperus*, *Rhododendron* und *Berberis* vorherrschen, findet man tiefer auf dem Hang zum Dudh Kosi *Berberis*, *Rhododendron*, *Iris*, *Euphorbia*, *Rosa* und weitere zahlreiche Stauden und Kräuter. Hier ist der Lebensraum von *Celerio galii nepalensis* DANIEL. Die im Süden liegenden Hügel sind gekrönt von *Abies*-Beständen, die stark mit hohen *Rhododendron*-Büschen untermischt sind. An den Flanken dieser Hügel wächst *Betula-Rhododendron*-Wald, an den feuchteren schattigen Stellen

Abb. 16. Khumjung, 3800 m, 24. Mai, Blick nach SO. Die eingefriedeten Flächen werden als Äcker und Mähwiesen benützt. Dazwischen liegen Kiesanschüttungen eines Monsunbaches. Die Blockhügel im Hintergrund werden von *Abies webbiana* und *Rhododendron campanulatum* gekrönt, während die Hangseiten oben mit niederen Rhododendren und *Betula utilis* bedeckt sind, unten aber vielerlei Gebüsch aufweisen

161

herrscht *Rhododendron* oft in reinen Beständen vor, während trockenere Stellen hauptsächlich von *Betula utilis* bestanden sind. Die der Terrasse zugewandte Seite der Hügel weist steile Blockhänge auf, die mit einem Gemisch verschiedener Laubbüsche bewachsen sind. Die hinter dem Hügelkamm zum Dudh Kosi abfallenden Flanken sind stark exponiert, z. T. felsig, und tragen nur einzelne Inseln von Gebüsch und *Pinus excelsa*. Die gegen Westen abschließende Hügelkette geht über die Baumgrenze hinaus, sie steigt über 4500 m an und ist an den Seiten mit hochgewachsenen Beständen von *Abies, Juniperus* und *Rhododendron* bewachsen. *Betula* fehlt hier völlig.

Witterung, 1. Periode: Nach kalten, meist klaren Morgen bis Mittag hin durch starke Insolation kräftige Erwärmung und Wolkenbildung über den Bergen. Am Nachmittag oft Nebel durch aufsteigende Talwinde und gelegentlich leichter Nieselregen. Gegen Abend Aufklarung, später aber wieder Nebel bis in die Nacht hinein, so daß der Lichtfang in der Regel bei Nebel vor sich ging. Die Nächte sind relativ kalt. Gemessene Temperaturen: Minima –4 bis –1,5°C, Maxima um 15°C. Im ganzen trocken.

2. Periode: Der Monsun beginnt mit kräftigen, längeren Regen, steigender Luftfeuchte, höheren und ausgeglicheneren Temperaturen. Eine über 8000 m liegende Wolkendecke überzieht den Himmel. Sie wird nur stundenweise unterbrochen. An einzelnen Tagen fehlt sie ganz, sog. »breaks«, dann herrscht heiteres, warmes Wetter. Die Morgen sind meist aufgeheitert, später schließt sich die hohe Wolkenschicht. Über den Bergen bilden sich Wolkenballen, und aus den Tälern steigen Nebel auf. Mit dem Nebel beginnt es zu regnen bis zum späten Nachmittag, dann folgt leichte Aufhellung. Am späten Abend wieder Nebel und Regen, manchmal in starken Schauern. Gemessene Temperaturen: Minima 4–7°C, Maxima über 15° C. Die Vegetation ist jetzt in voller Entwicklung, zahlreiche Kräuter blühen.

Abb. 17. Khumjung, 3800 m, 1. Juli, westexponierter Blockhang. Durch die Einwirkung der Monsunregen sind alle Gebüsche belaubt, und die Mähwiese trägt viele blühende Kräuter

162

3. Periode: Der Monsun herrscht jetzt mit voller Kraft, die Luftfeuchte ist andauernd hoch. Nur am Vormittag bricht die Sonne manchmal für kurze Zeit durch. Sonst sehr dichte Bewölkung in drei Schichten. Fast den ganzen Tag Nebel, der nur am Vormittag und Abend für kurze Zeit verschwindet. Langanhaltende Niederschläge in Form leichter Regen. Die Temperaturen sind gleichmäßig, die Maxima aber niedriger, da die Sonneneinstrahlung fehlt. Die Vegetation ist voll entwickelt, die Rhododendren haben ihre Blütezeit beendet. Gemessene Temperaturen: Minima 6–10° C, Maxima um 15° C.

Vegetationstypen:

1. Wiesen und Kiesböden des Terrassengrundes
2. Blockhänge mit gemischtem Laubgebüsch
3. Subalpiner Wald   a *Abies-Rhododendron*-Wald   b *Betula-Rhododendron*-Wald
4. Versteppter Südhang mit niedriger Vegetation
5. Versteppter Hang mit *Pinus excelsa.*

Fangplätze: 18. 5. TF 1+2   22. 5. TF 1   26. 5. TF 4+5
            19. 5. TF 3b+4   LF 1+2   23. 5. TF 1+3b LF 3b   27. 5. TF 3a+5
            20. 5. TF 3a+3b LF 1+2   24. 5. TF 3a   LF 1+2
            21. 5. TF 3b+4   LF 4   25. 5. TF 3a   LF 3a

Abb. 18.
Khumjung, 3800 m, 24. Mai, Blick nach NW auf die Hänge des Khumbhila (Khumbui Yul La). Niederes Gebüsch von *Juniperus, Berberis, Rosa* und *Rhododendron* geben dieser stark beweideten Fläche ihr Gepräge. Hier lebt die Raupe von *Celerio galii nepalensis* DANIEL auf *Euphorbia longifolia*

163

Das Aktivitätsminimum liegt bei etwa 2° C

15. 6. TF	LF 1+2		27. 6.		LF 1+2
16. 6. TF 3 b	LF 3 b		29. 6.		LF 1+2
17. 6. TF 3 a+3 b	LF 1+2		30. 6. TF 3 b+4		
18. 6. TF 3 a	LF 3 a		1. 7.		LF 1+2
20. 6. TF 1+2			11. 7.		LF 1+2
21. 6. TF 5			12. 7.		LF 1+2
24. 6. TF 5	LF 1+2		13. 7.		LF 1+2
25. 6. TF 3 b+5	LF 1+2		14. 7.		LF 3 b+4
26. 6. LF	LF 1+2		15. 7. TF 3+5		LF 1+2

Vegetation:

1 *Potentilla spp.*
Anemone spp.
Ranunculus spp.
Gräser

2 *Betula utilis*
Rhododendron spp.
Rosa sericea
Berberis
Acer
Lonicera
Primula spp.
Meconopsis
Roscoea alpina

3 a *Abies webbiana*
Rhododendron campanulatum
Juniperus recurva
Berberis
Primula spp.
Fritillaria

3 b *Betula utilis*
Rhod. campanulatum
Rhododendron spp.
Berberis
Rosa sericea
Juniperus recurva
Prunus
Cassiope fastigata
Polygonatum hookeri
Gentiana

4 *Juniperus recurva*
Rhododendron
Berberis
Rosa sericea
Cotoneaster
Iris
Euphorbia longifolia
Lotus

5 *Pinus excelsa*
Rhododendron
Rosa sericea
Rosa macrophylla
Anemone spp.

Khumjung, 4200 m   24.–25. Mai, 18. Juni

Feuchte alpine Matten über der Baumgrenze.

Hier wurde auf dem westlichen Bergrücken über der Baumgrenze am Tage gesammelt. *Juniperus* und niedere Rhododendren sind vorherrschend.

15. Dudh Kosi-Tal unter Thangpoche, 3400 m   29. Mai–1. Juni   (Abb. 19)

Immergrüner Bergwald (feuchter Laub- und Nadelwald) im Übergang zum subalpinen Wald. Kalt gemäßigte bis subalpine Stufe.

Der Fundort liegt auf der orographisch linken Seite des Dudh Kosi, etwa 100 m über dem Fluß. Das dort nach Süden laufende Flußtal wird beiderseits von gleichmäßig steil bis 5000 m ansteigenden Hängen begrenzt. Etwa 300 m nördlich des Lagers wird das Tal von einem Bergrücken abgeschlossen, den der Fluß in einer tiefen gekrümmten Schlucht umfließen muß. Auf seiner Schulter liegt das

164

Kloster Thangpoche in 3900 m Höhe. Der von dort nach Süden abfallende Hang ist stark exponiert. Sein unterer Teil ist mit lockerem Laubgehölz, *Rhododendron arboreum, Abies, Magnolia,* bewachsen. Die linke feuchtere und schattige Talseite zeigt bis etwa 300 m über dem Fluß einen gemischten Laubwald mit einzelnen *Abies.* Darüber geht er in den subalpinen *Betula-Rhododendron*-Wald über. Die trockene und felsige rechte Seite trägt hauptsächlich *Pinus excelsa* und Laubgebüsch.

Witterung: Im ganzen warm und trocken. Über dem Tal heiter, nur die Berge tagsüber in Wolken. Nachts kurze, leichte Niederschläge. Starke Temperaturunterschiede durch nächtliches Aufklaren und Bergwind. Gemessene Temperaturen: Minima 1–4° C, Maxima zwischen 15 und 20° C.

Alle Fangplätze liegen im Wald und dessen Lichtungen auf der linken Talseite. Die trockenen *Pinus*-Bestände der gegenüberliegenden Hänge liegen noch im Einzugsbereich des Lichts. Während des Fangs kein Nebel.

Vegetationstypen:

1. Feuchter gemischter Laubwald
2. Steppenhänge mit *Pinus excelsa*

Vegetation:

Abies webbiana	*Anemone spp.*	*Prunus*
Pinus excelsa	*Clematis*	*Daphne*
Rhododendron arboreum	*Euphorbia longifolia*	Farne
Betula utilis	*Rubus*	
Magnolia		
Acer		
Salix		
Rosa sericea		
Rosa macrophylla		
Berberis		
Zwergbambus		
Juniperus recurva		
Primula spp.		
Androsace		

Abb. 19.

Lager unter Thangpoche am Dudh Kosi, 3400 m, 30. Mai. Der Wald dieses Osthanges besteht aus *Betula utilis, Rhododendron arboreum, Abies webbiana, Acer spec.* und vielen anderen Laubhölzern.

16. Dingpoche, 4400 m   2.–5. Juni   (Abb. 20)

Feuchte alpine Stufe über der Baumgrenze.

Die Fangplätze liegen oberhalb der Sommersiedlung der Sherpa, im Imja Khola-Tal. Neben dem Fluß liegt ein schmaler ebener Streifen, der sehr feucht ist und teils mit Gras, teils mit niederem Gebüsch bestanden ist. Letzteres besteht aus sehr dornigen *Lonicera*-Büschen, die eben mit ihrer Blüte begannen. Beiderseits wird das Tal von steilen Hängen begrenzt. Die trockene Westseite weist hauptsächlich *Juniperus* auf, während die viel feuchtere Ostseite von dichtem *Rhododendron*-Krummholz und zahlreichen Kräutern bedeckt wird.

Witterung: Tagsüber sonnig mit starker Einstrahlung. Wolkenbildungen nur über den Bergen. Abends steigen mit starkem Talwind Nebel herauf, bringen aber keine Niederschläge.

Gemessene Temperaturen: Minima –4 bis –2° C, Maxima über 10° C.

Vegetationstypen:

1. Feuchtes Gebüsch im Talboden
2. Trockene Hangseite mit Juniperus
3. Feuchte Hangseite mit *Rhododendron*-Krummholz.

Die Fangplätze liegen alle im Bereich dieser Biotope. Nachts wurde ausschließlich am Talgrund geleuchtet.

Abb. 20.

Dingpoche, 4400 m, 3. Juni, Blick nach NO in das Tal des Imja Khola. Die bewachsene Anschüttung neben dem Fluß ist sehr feucht. Sie ist hauptsächlich von dornigen *Berberis* und *Lonicera*-Büschen bedeckt. Der trockene Westhang dagegen trägt Inseln von *Juniperus recurva*

Am 5. Juni wurde um die Endmoränen der von der Ama Dablam kommenden Gletscher in 4600 bis 4800 m gesammelt. Hier finden sich ausgeprägt alpine Matten.

Vegetation: *Lonicera spp.*   *Cotoneaster*
           Rhododendron spp.   *Cassiope fastigata*
           Juniperus recurva   *Salix*
           Berberis   *Corydalis spp.*
           Primula spp.   *Aster*
           Pedicularis spp.   *Leontopodium*
           Anemone spp.
           Ephedra

17. Chukhung, 4800–5000 m   6.–12. Juni   (Abb. 21)

Feuchte alpine Stufe.

Der Platz liegt auf der bewachsenen Endmoräne des Imja-Gletschers. Die Moräne fällt in Terrassen zur Talsohle ab. Auf den Stufen sind kleine Kräutermatten, die stark beweidet werden. Die steilen Böschungen sind mit *Juniperus* an trockenen und *Rhododendron* an feuchteren Stellen bedeckt. Die von Flußgeschiebe bedeckte Talsohle ist hauptsächlich von *Lonicera*-Gestrüpp bewachsen und sehr feucht. *Juniperus* in kleinen Inseln findet man auf allen sonnseitigen trockenen Hängen der

Abb. 21.

Chukhung, 4800 m, 8. Juni, Blick nach N auf die bewachsene Endmoräne des Imjagletschers und den Lhotse (8501 m) im Hintergrund. Die trockenen Hänge tragen *Juniperus recurva*, während an feuchteren Stellen *Lonicera* und *Rhododendron* vorherrschen. Daneben gibt es eine reiche Kräutervegetation

weiteren Umgebung bis 5000 m, vor allem aber an den Seitenmoränen. Dagegen sind alle feuchten Hänge bis zur gleichen Höhe mit *Rhododendron*-Krummholz bedeckt. Zwischen den Gletschern und Bergflanken finden sich häufig flache Täler, die Staudenfluren aufweisen. Zwischen 5000 m und 5300 m gibt es noch geschlossene kurzrasige Matten mit vielen Kräutern. Darüber löst sich die Vegetation auf, und Pflanzen erscheinen nun mehr in inselartigen Beständen. Die Gletscher selbst sind mit einer dicken Schicht Schutt bedeckt, und nur an Einbrüchen ist Eis zu sehen. Gegen die Endmoränen zu stellen sich sehr rasch Pionierpflanzen ein.

Witterung: Meist heiter und sonnig bis Mittag, dann starke Wolkenbildung über den Bergen und aufsteigende Talnebel mit zunehmendem Wind. Abends nach kurzem Aufklaren wieder Nebel. Später nachts klarer Himmel und starke Abkühlung. Gemessene Temperaturen im Schatten in Bodennähe: Minima −2,5 bis −1°C, Maxima um 10°C.

Vegetationstypen:

1. Feuchtes Gebüsch des Talbodens mit *Lonicera*
2. Trockene Hangseiten mit *Juniperus*
3. Feuchte Hangseiten mit Rhododendren
4. Kräuterrasen und Staudenfluren
5. Hochalpine Region mit vereinzelten Pflanzen
6. Pionierpflanzen der Gletscher.

Fangplätze: 6.6.   LF 1–3
            7.6. TF 2–4 LF 1–3
            9.6. TF 4   LF 1–2
          10.6. TF 2+ LF 1–3
          11.6. TF 4   LF 1–3
          12.6. TF 1–3

Am 8. Juni wurde ein 5546 m hoher Berg bestiegen. Hier sind auf Schiefergestein noch einzelne Pflanzen und ein erstaunlich reiches Insektenleben. Zu den charakteristischen Lepidopteren gehören hier *Parnassius acdestis* GRUM-GRSHIMAILO und *epaphus* OBERTHÜR. Dipteren, Hymenopteren und Urinsekten konnten beobachtet werden.

Vegetation:

1 *Lonicera spp.*	4 *Leontopodium spp.*
Rhododendron spp.	*Corydalis*
Berberis	*Aster*
Salix	*Gentiana*
Saxifraga	*Pedicularis spp.*
Fritillaria	*Potentilla spp.*
2 *Juniperus recurva*	*Anemone*
Cassiope fastigata	*Rheum*
3 *Rhododendron spp.*	*Carex*
Ephedra	*Polygonatum*
	Fritillaria
5 *Saxifraga*	6 *Saussurea*
Sedum	*Meconopis*
Androsace	*Artemisis*
	Saxifraga
	Sedum
	Carex

18. Tsola Tso, 4700–5000 m 5.–9. Juli (Tshola Tso)

Feuchte alpine Stufe.

Die Sommeralm Tsola Og (Lagerplatz) liegt auf einem Hang, der sich nordostwärts aus dem Tsola Tso (See) erhebt. Der See selbst liegt in einem nach NW führenden Seitental des Khumbu-Tals und wird von der Endmoräne des Tsola-Gletschers aufgestaut. Um den See erheben sich steil ansteigende Hänge, auch gegen den Talhintergrund. Hier befinden sich überwiegend bewachsene Altmoränen und Schutthalden, die als Weide benützt werden. Um das Lager selbst ist der Boden quellig feucht und mit prächtig blühenden Kräutermatten bedeckt. In Mulden sowie auf alten Schutthalden finden sich größere Bestände von *Rhododendron*-Krummholz.

Witterung: Starke Monsuneinwirkung. Nur morgens und abends kurzfristiges Aufklaren. Sonst liegt das Gebiet dauernd im Nebel. Nieselregen ist sehr häufig. Die Luftfeuchtigkeit ist sehr hoch und die Luftbewegung gering. Gemessene Temperaturen: Minima 0–3° C, Maxima bis 10° C.

Abb. 22. Tsola Tso, 4700 m, 7. Juli, Blick nach NW auf die Alm Tsola Og. Der Monsunregen hat eine reichblühende Kräuterflora hervorgebracht. *Primula* spp. sind vorherrschend. In humösen Mulden erscheinen dagegen große Flächen niederen *Rhododendron*-Krummholzes

Vegetationstypen:	Vegetation: *Primula spp.*	*Meconopsis horridula*
1. Kräutermatten	*Gentiana*	*Rhododendron spp.*
2. *Rhododendron*-Krummholz.	*Saxifraga*	*Rheum*
	Androsace	*Corydalis*
Fangplätze: 5.7. LF 1	*Pedicularis spp.*	*Potentilla*
6.7. LF 1	*Anemone spp.*	*Polygonum*
7.7. TF 1+2 LF 2	*Ranunculus spp.*	
8.7. TF 1+2	*Leontopodium spp.*	
9.7. TF 1	*Aster*	
	Fritillaria	

Synonymieliste der Fundorte

Im Hinblick auf die erscheinenden Karten des Forschungsunternehmens sollen alle verwendeten Schreibweisen auf die dort erscheinende Namensgebung abgestimmt werden. Die Liste bringt in alphabetischer Folge an erster Stelle die gültigen Namen und daneben die abweichenden Transkriptionen.

Bemkar – Benkar
Bhandar – Bara Ekarga
Bhimphedi – Bhimpedi
Chhukhung – Chukhung
Chialsa – Jialsa
Chyaubas – Tschyaubas
Daulaghat – Dolagard
Dragsindho – Takhsindu – Thaksindu
Dragdophug – Thakto
Godavari – Gaudavri
Jaraetar – Saretar
Katakote – Katakuti
Khumjung – Khumdzung
Karikhola – Carikhola
Nawalpur – Naulaphur
Namdu – Namdo

Phulchoki – Bulchoki – Phulchauki – Pultchuk
Phuleli – Puleli
Pheding – Beding
Pheriche – Periche
Panch Khal – Paschkal
Puiyan – Bujan
Resangu – Rejangu – Risingo
Raphi – Ravi
Sete – Seta
Shorong – Salung
Tamba Kosi – Tampa Kosi
Tate – Thate
Thumbuk – Tumbu
Trangga – Tanga
Tshola Tso – Tsola Tso
Tengpoche – Thangpoche

In der Beschreibung der Fundorte wurde aus praktischen Gründen die auf den Etiketten vorkommende Transkription verwendet.

Itinerar Dierl-Remane

14.–22.3.	Kathmandu		14.6.–3.7.	Khumjung
23.3.	Banepa		4.7.	Pangpoche
24.3.	Daulaghat		5.–9.7.	Tsola Tso
25.3.	Chyaubas		10.7.	Pangpoche
26.–27.3.	Resangu		11.–16.7.	Khumjung
28.3.	Katakote		17.7.	Phakding
29.3.	Namdu		18.7.–19.7.	Bujan
30.3.–13.4.	Jiri		20.–23.7.	Jubing
14.4.–21.4.	Thodung		24.7.	Taksindhu
22.4.	Sete		25.–31.7.	Junbesi
23.4.	Junbesi		1.8.	Sete
24.4.–1.5.	Chialsa		2.–6.8.	Bhandar
2.5.	Jubing 2600		7.8.	Khimti Khola
3.–13.5.	Jubing 1600		8.–14.8.	Jiri
14.5.	Carikhola		15.8.	Namdu
15.5.	Chaunrikharka		16.8.	Katakuti
16.5.	Thumbuk		17.8.	Resangu
17.–28.5.	Khumjung		18.8.	Chyaubas
29.5.–1.6.	Lager unter Thangpoche		19.8.	Sikarpur
2.6.–5.6.	Dingpoche		20.8.	Banepa
6.–12.6.	Chukhung		21.8.–3.9.	Kathmandu
13.6.	Thangpoche		27.8.	Pultschuk
			30.8.	Godavari

Itinerar Löffler-Remane

26.5.–7.6.	Kathmandu		4.7.	Pangpoche
30.5.	Pultschuk		5.–22.7.	Tsola Tso
31.5.	Godavari		23.7.	Dingpoche
8.–9.6.	Banepa		24.7.	Bibre
10.6.	Panch Khal		25.7.–8.8.	über Bibre, 5430 m
11.6.	Chyaubas		9.8.	Thangpoche
12.6.	Resangu		10.–11.8.	Khumjung
13.6.	Katakote		12.8.	Thami
14.6.	Namdu		13.–15.8.	Übergang Tesi Lapcha
15.–20.6.	Jiri		16.8.	Nangaon
21.6.	Deorali-Paß		17.8.	Beding
22.6.	Sete		18.8.	vor Simigaon
23.–24.6.	Junbesi		19.8.	nach Simigaon
25.6.	Phuleli		20.8.	Thari
26.6.	Kharikhola		21.–24.8.	Weg nach Barahbise
27.6.	Puiyan		25.8.	Panch Khal
28.6.	Phakding		26.8.–5.9.	Kathmandu
29.6.–3.7.	Khumjung		30.8.	Pokhara

Literatur

BOESCH, H., 1964: Zwei Jahre Wetterbeobachtungen in Ost-Nepal (1961–1963). Geographica Helvetica, Nr. 3, pp. 170–178.

HAFFNER, W., 1965: Nepal Himalaya. Bericht einer Reise nach Ost-Nepal im Jahre 1963. Erdkunde, Archiv für wissenschaftliche Geographie, Band XIX, 2, pp. 89–103.

KITAMURA, S., 1955: Flowering plants and Ferns. In: Fauna and Flora of Nepal Himalaya, Vol. I, pp. 73–290. Ed. H. Kihara, Kyoto.

KRAUS, H.: Mündl. Mitteilungen über die meteorologische Expedition des Forschungsunternehmens 1963. Vermittlung meteorologischer Daten verschiedener Stellen in Kathmandu 1901–1960.

SCHWEINFURTH, U., 1957: Die horizontale und vertikale Verbreitung der Vegetation im Himalaya. Bonner geographische Abhandlungen, Heft 20, pp. 1–373.

Karten

SCHNEIDER, E., 1957: Mahalangur Himal, Chomolongma, Mt. Everest, 1:25000, herausgegeben vom Deutschen Alpenverein, vom Österreichischen Alpenverein und von der Deutschen Forschungsgemeinschaft.

SCHNEIDER, E., 1965: Jiri-Junbesi 1:50000, 1. Teil einer Karte des Forschungsunternehmens Nepal-Himalaya. Weitere Karten sind in Vorbereitung.

SURVEY OF INDIA: Nepal and Tibet, 1 inch to 8 miles (1:506880), Ostteil.

Anschrift des Verfassers:

DR. WOLFGANG DIERL, ZOOLOGISCHE SAMMLUNG DES BAYERISCHEN STAATES, 8 MÜNCHEN 19, SCHLOSS NYMPHENBURG, NORDFLÜGEL, EINGANG MARIA-WARD-STRASSE

EUPTEROTIDAE (LEP.) AUS NEPAL

Von

WOLFGANG DIERL, München

Unter den Aufsammlungen der Expeditionen 1962 und 1964 befanden sich einige Exemplare aus der Familie der *Eupterotidae*, die im Rahmen der Neuordnung der Bestände der Zoologischen Staatssammlung München bestimmt wurden. Die Systematik dieser Gruppe weist leider noch viele ungeklärte Probleme auf, die aber erst durch eine Revision dieser Familie bereinigt werden können. Die folgende Darstellung ist daher auf dem bisher vorliegenden System begründet.

Die Mehrzahl der Arten der *Eupterotidae* bewohnen die tropischen und subtropischen Gebiete Afrikas und Asiens, einige Arten besiedeln in China und Japan aber auch die paläarktische Region. Als Bewohner der Grenzgebiete zur Paläarktis sind neben den Arten Kaschmir und Sikkims auch jene aus Nepal anzusprechen. Neben dem asiatisch-afrikanischen Vorkommen sind auch drei Arten aus Mittelamerika bekannt geworden. Diese Tatsache ist etwas überraschend, muß aber zunächst als gegeben angenommen werden, bis genauere Untersuchungen an diesen Formen deren Status sorgfältiger festlegen.

Palirisa cervina (MOORE)

Jana cervina MOORE, 1865, Proc. zool. Soc. Lond.: 807. 1 ♂ Dudh-Kosi-Tal, 2800 m, 8. Juni. 1962 leg. EBERT u. FALKNER.

Verbreitung: Sikkim, Burma, West- und Südchina, Formosa, alle beschriebenen Rassen eingeschlossen.

Ganisa postica WALKER

Ganisa postica WALKER, 1855, Cat. Lep. Het. Brit. Mus. V: 1190. 3♂♂ Nepal Valley, Godavari, 1600 m, Juli 1964, leg. ZWILLING. Die schwach gezeichneten Tiere entsprechen der f. *monotonica* STRAND, Seitz X: 425.

Verbreitung: Kaschmir, Südchina, Formosa, Nordborneo, Sumatra, Java, Tonkin, Ceylon.

Eupterote fabia und undata-Komplex

Phalaena Attaci fabia CRAMER, 1779. Pap. Exot. III, p. 250, B.

Eupterote undata BLANCHARD, 1853, Voy. Inde, Zool. Ins.: 23, Taf. 1, Fig. 8.

Zu diesem Komplex sind eine große Anzahl Formen beschrieben worden, deren taxionomische Wertung aber noch völlig unklar ist. Diese Formen sind nicht an bestimmte Orte gebunden, so daß man sie kaum als Rassen bezeichnen kann, sondern hauptsächlich als Produkte der großen Variationsbreite dieser Gruppe. Wahrscheinlich unterliegen die Phaenotypen auch starken ökologischen Einflüssen, wodurch u. a. vielleicht auch Saisonformen entstehen können. Untersuchungen sind auch durch die Tatsache erschwert, daß die Genitale sehr einfach und innerhalb der Gruppe kaum differenziert gebaut sind. Eine sichere Trennung wird wohl erst unter Berücksichtigung der Bionomie möglich sein. Deshalb beschränkt sich diese Bearbeitung auf eine Zuordnung der vorliegenden Tiere zu den beschriebenen Formen ohne weitere taxionomische Bewertung.

f. *immutata* MOORE, 1884, Trans. Ent. Soc.: 366.

1 ♂ Katakote, 2000 m, 4. August 1962, leg. EBERT u. FALKNER. Spannweite 91 mm. Das Tier nähert sich durch stärkere Zeichnung etwas der f. *ochripicta* MOORE, 1879, Proc. zool. Soc. Lond.: 410.

f. *castanoptera* MOORE, 1884, Trans. Ent. Soc.: 365.

1 ♂ Kathmandu, 1400 m, 29. Mai 1964, leg. DIERL. Spannweite 77 mm.

1 ♀ Nepal Valley, Godavari, 1600 m, Juli 1964, leg. ZWILLING. Spannweite 87 mm.

f. *fraterna* MOORE, 1888, Proc, zool. Soc. Lond.: 406.

2 ♂♂ Kathmandu, 1400 m, 31. Mai und 1. Juni 1964, leg. DIERL. Spannweite 64 mm.

f. *dissimilis* MOORE, 1884, Trans. Ent. Soc.: 368.

1 ♂ Dudh-Kosi-Tal, 3000 m, 27. Juli 1962, leg. EBERT u. FALKNER. Spannweite 71 mm.

f. *mutans* WALKER, 1855, Cat. Lep. Het. Brit. Mus. IV: 904.

1 ♂ Nepal Valley, Godavari, 1600 m, Juli 1964, leg. ZWILLING. Das Tier entspricht der f. typica, ist aber mit einer Spannweite von 74 mm gegenüber 94 mm viel kleiner.

Die bekannte Verbreitung des gesamten Formenkomplexes erstreckt sich von der Südabdachung des Himalaya über ganz Indien nach Ceylon und ostwärts bis Burma, vermutlich aber noch weiter.

Eupterote geminata (WALKER)

Dreata geminata WALKER, 1855, Cat. Lep. Het. Brit. Mus. IV: 907.

6 ♀♀ Nepal Valley, Godavari, 1600 m, Juli 1964, leg. ZWILLING.

2 ♀♀ Prov. Nr. 3 East, Jubing, 1600 m, 20.–23. Juli 1964, leg. DIERL. Spannweite 63–76 mm.

Verbreitung: Himalayaländer, Vorderindien und Ceylon.

In Nepal dürften die *Eupterotidae* mit 3000 m ihre obere Verbreitungsgrenze erreichen. Sie sind Bewohner der subtropisch warm gemäßigten monsunfeuchten Bergwälder.

Anschrift des Verfassers:

DR. WOLFGANG DIERL, ZOOLOGISCHE SAMMLUNG DES BAYERISCHEN STAATES, 8 MÜNCHEN 19, SCHLOSS NYMPHENBURG, NORDFLÜGEL, EINGANG MARIA-WARD-STRASSE

ÜBER EINIGE ASIATISCHE SCHWÄRMER
MIT DER BESCHREIBUNG EINER NEUEN ART AUS NEPAL
(LEP. SPHINGIDAE)

Von

Kurt Kernbach, Berlin

Mit 2 Textabbildungen

Zur Determination der weiter unten aufgeführten Sphingiden aus Nepal zog ich auch 3 ♀♀ von *Acosmerycoides leucocraspis insignata* Mell, 1922, Südchina, aus dem Zoologischen Museum, Berlin, hinzu. Bei dem Vergleich dieser ♀♀ mit den beiden Abbildungen der von Mell 1958 beschriebenen *Clanis obscura* aus Kuatun, China, stellte ich große Ähnlichkeiten bei diesen beiden Arten fest. Mell sagt auf S. 198 (1958): »Nach den drei weißlichen Tibien aller drei Beinpaare, ein Merkmal, das von allen zehn Spezies der Gattung nur *bilineata* hat, ist *obscura* ein Absproß von dieser.« *Clanis bilineata* Wlkr. hat nur weißliche Tibien an dem mittleren und dem hinteren Beinpaar. An diesen beiden Beinpaaren hat auch *Acosmerycoides leucocraspis insignata* aufgehellte, nicht weißliche Tibien. Leider stand mir kein ♂ von *Acosmerycoides leucocraspis* für diesen Vergleich zur Verfügung. Die Untersuchung der Genitalarmatur eines ♂ wäre aufschlußreich, denn die abgebildete Valva von *Clanis obscura* ist völlig anders als die Valven der bekannten *Clanis*-Arten, sie ähnelt nämlich im Prinzip der Valva von *Ampelophaga rubiginosa* Brem. & Grey (Japan bis Nordindien). Außerdem besitzt die Außenseite der Valva von *Clanis obscura* schuppenähnliche Gebilde (Rothschild & Jordan: »organ of friction«), die die Arten von *Clanis* nicht aufweisen (R. & J., S. 213). Diese Schuppen sind aber bei *Ampelophaga* und *Acosmeryx* vorhanden, die mit der Gattung *Acosmerycoides* sehr verwandt zu sein scheinen, denn Mell sagt auf S. 220 (1922) von der Raupe von *Acosmerycoides leucocraspis insignata* »in der Gesamterscheinung *Acosmeryx* am ähnlichsten«. In Seitz wird auf den Seiten 549 und 550 Mell im Zusammenhang mit der Beschreibung von *Acosmerycoides* zitiert, aber die von ihm entdeckte Raupe von *Acosmerycoides* wohl nur irrtümlicherweise *Ampelophaga* bzw. *Ampelophaga rubiginosa* zugesprochen.

Die *Acosmeryx*-Arten haben bis auf *Acosmeryx anceus* Stoll an der Genitalarmatur einen sich gleichenden Sacculus in der Form eines zusammengedrückten und gezähnten Schälchens, nur *anceus* hat einen löffelförmigen Sacculus, der bei neun untersuchten ♂♂ geringfügig in der Breite variiert.

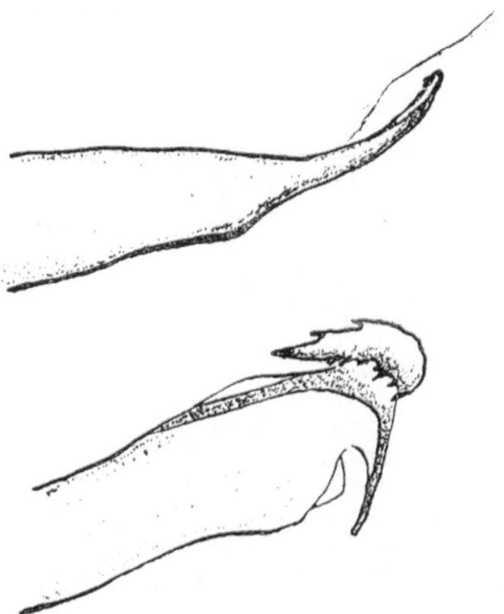

Einige dieser untersuchten ♂♂ hatten keinen seitlichen Dorn an der Aedoeagus-Spitze. Irgendwelche Schlüsse konnten hieraus nicht gezogen werden, das Material war hierfür infolge des großen Verbreitungsgebiets von *anceus* (Nordindien bis Neu Guinea und Queensland) zu gering.

Das Zeichnungsschema ist bei allen *Acosmeryx*-Arten im allgemeinen ziemlich gleich. *Acosmeryx anceus* hat eine mehr braune Grundfarbe mit violettem Schimmer. Zwei ♂♂ aus Nepal, in der Größe und Zeichnung ähnlich *anceus*, haben eine grau-braune Grundfarbe und auf der Oberseite jedes Vorderflügels distal von der dunklen

Abb. 1a und b.

a: Rechter Sacculus von *Acosmeryx montivaga* nov. spec. (oben)

b: Aedoeagus von *Acosmeryx montivaga* nov. spec. (unten)

174

Querbinde in M_1 einen etwa 4 mm breiten, auffallenden Fleck heller Schuppen, der bei keiner anderen *Acosmeryx*-Art vorhanden ist. Auch die Unterseite der Vorderflügel weicht bei den Nepal-♂♂ ab. Anstelle der rötlich-braunen Tönungen sind die Zellen zwischen den Adern proximal vom dunklen Saumfeld mit helleren, mehr gelblichen Farben ausgefüllt. Die Unterseite der Hinterflügel ist ebenfalls heller rötlich-braun. Der Apex ist etwas vorgezogener als bei *Acosmeryx anceus*. Die Spannweite der beiden ♂♂ beträgt je 73 mm.

Der Sacculus der Genitalarmatur (Abb. 1 a) der Nepal-Exemplare ist schmaler als der ihm gleichende, gezähnte, löffelförmige Sacculus von *Acosmeryx anceus*. Der Aedoeagus (Abb. 1 b) hat an seiner Spitze eine gestielte und gezähnte Kuppe und einen seitlichen Dorn.

Ich sehe diese beiden ♂♂ aus Nepal als eine neue Art an und nenne sie **Acosmeryx montivaga nov. spec.** Der Holotypus und der Paratypoid dieser neuen Art befinden sich in der Zoologischen Staatssammlung in München (Abb. 2); Fundort: Nepal, Prov. Nr. 3 East, Jubing, 2600 m, DIERL leg.

Abb. 2. Acosmeryx montivaga nov. spec., ♂, Holotypus

Aus Nepal bekam die Zoologische Staatssammlung noch ein ♂ von *Acosmeryx naga* MOORE. Auch dieses Exemplar besitzt nicht den seitlichen Dorn an der Aedoeagusspitze, wie er von ROTHSCHILD & JORDAN abgebildet wurde und wie ihn die drei *naga*-♂♂ aus China in meiner Sammlung haben. Auf Grund der Aedoeagi-Befunde bei *anceus* kann man bei diesem einzelnen *naga*-♂ aus Nepal wegen des fehlenden Dornes ebenfalls keine geographische Unterteilung vornehmen. Vielleicht ist das Fehlen des Dornes nur eine mögliche Variation bei *Acosmeryx*. Denn auch bei einem ♂ von *Acosmeryx castanea* R. & J. aus China (Südchina?) fehlt dieser Dorn, bei einem anderen ♂ aus der Prov. Canton (Südchina) ist er vorhanden.

Zu vermerken ist noch, daß ein ♂ aus China (Tong-Cung-San), das als *Acosmeryx pseudomissa* MELL bezeichnet war, nach der Genitalarmatur *Acosmeryx castanea* ist.

Die Genitaluntersuchungen haben bei den aufgeführten Arten die besten Aufschlüsse gegeben. Ich konnte dankenswerterweise Vergleichsexemplare aus der Zoologischen Staatssammlung in München, aus der Sammlung des Zoologischen Museums in Berlin und des Museums Alexander Koenig in Bonn untersuchen.

Literatur

MELL, R., 1922: Biologie und Systematik der südchinesischen Sphingiden, Berlin: 217–230.

MELL, R., 1958: Zur Geschichte der ostasiatischen Lepidopteren, Beiträge zur Fauna sinica XXV, DEZ, NF, Bd. 5, Heft I/II: 198–200.

ROTHSCHILD, W., and JORDAN, K., 1903: A Revision of the Lepidopterous Family Sphingidae, London: 212–219, 526–533.

SEITZ, A., 1933: Die Groß-Schmetterlinge der Erde, Band 10: 549–550.

Anschrift des Verfassers:

KURT KERNBACH, 1 BERLIN 30, HABSBURGERSTRASSE 8

EINE SPHINGIDENAUSBEUTE AUS NEPAL (LEPIDOPTERA)

Von

Franz Daniel, München

Mit 2 Textabbildungen (davon 1 farbige)

Im Laufe der letzten Jahre gingen der Zoologischen Sammlung des Bayerischen Staates umfangreiche Originalausbeuten aus Nepal zu. Die darin enthaltenen *Sphingidae* sollen hier einer kritischen Würdigung unterzogen werden.

Über die Lage der angeführten Fundorte, ihre Biotopverhältnisse usw. unterrichten eigene Arbeiten, so daß es hier genügt, darauf zu verweisen (Ebert, 1966; Dierl, 1966).

Die Zusammensetzung der Fauna der Sphingiden weist Nepal in seinen unteren und mittleren Höhenstufen der indoaustralischen Region zu. Von den 33 aufgefundenen Arten gehören:

1. eine Art *(H. convolvuli* L.*)* zu den Großwanderern, die fast den gesamten altweltlichen Raum überfluten.
2. zwei weitere Arten *(P. elpenor* L. und *C. galii* Rott.*)* müssen als ausgesprochene Vertreter der gemäßigten eurasischen Zone angesehen werden (*galii* auch noch im nördlichen nearktischen Raum vorkommend), denen nur noch in den Hochlagen Nepals ein insuläres Vorkommen ermöglicht wird. Beide Arten bilden dort auch erheblich von den Nominatformen abweichende Rassen.
3. alle übrigen 31 Species sind als rein tropische Elemente anzusprechen.

Im einzelnen wurden gefunden:

Herse convolvuli Linné, 1758, Syst. Nat. 10: 490.

2 ♀♀ Kathmandu Valley, Godavari, 1600 m, 30. August 1964, Dierl leg. und Juli 1964, Zwilling leg.

1 ♀ Thodung, 3100 m, 27. Mai 1962, Ebert und Falkner leg.

Acherontia lachesis Fabricius, 1798. Ent. Syst. Suppl.: 434.

1 ♂, 1 ♀ Kathmandu Valley, Godavari, 1600 m, 31. Mai 1964, Dierl leg. und Juli 1964, Zwilling leg.

1 ♀ Likhu-Khola-Tal, 1700 m, e. l. 4. September 1962, Ebert und Falkner leg.

Acherontia styx Westwood, 1844, Cab. Orient. Ent.: 88.

1 ♀ Kathmandu, 1400 m, 11. April 1962, Ebert und Falkner leg.

4 ♂♂, 1 ♀ Kathmandu Valley, Godavari, 1600 m, 30. August 1964, Dierl leg. und Juli 1964, Zwilling leg.

1 ♂ Prov. Nr. 1 East, Panch Khal, 1000 m, 24. März 1964, Dierl leg.

Psilogramma menephron Cramer, 1780, Pap. Exot. 3: 164.

2 ♂♂ Kathmandu Valley, Godavari, 1600 m, 30. August 1964, Dierl leg. und Juli 1964, Zwilling leg.

Meganoton analis Felder, 1874, Reise Nov. Lep. T. 78, Fig. 4.

3 ♂♂ Kathmandu Valley, Godavari, 1600 m, 30. August 1964, Dierl leg.

Dolbina inexacta Walker, 1856, List. Lep. Ins. Brit. Mus. 8: 208.

3 ♂♂ Kathmandu Valley, Godavari, 1600 m, 30. August 1964, Dierl leg. und Juli 1964, Zwilling leg.

Oxyambulyx sericeipennis Butler, 1875, Proc. Zool. Soc. Lond.: 252.

1 ♂ Kathmandu Valley, Godavari, 1600 m, Juli 1964, Zwilling leg.

1 ♀ Prov. Nr. 2, East, Bhandar unter Thodung, 2200 m, 5. August 1964, Dierl leg.

Oxyambulyx ochracea Butler, 1885, Cist. Ent. 3: 113.

3 ♂♂, 1 ♀ Kathmandu Valley, Godavari, 1600 m, 30.–31. Mai 1964, Dierl leg. und Juli 1964, Zwilling leg.

Rhodoprasina floralis BUTLER, 1877, Trans. Zool. Soc. Lond. 9 : 639.
   1 ♂ Thodung, 3100 m, 20. Mai 1962, EBERT und FALKNER leg.

Cephonodes hylas LINNÉ, 1771, Mant. Plant. : 539
   1♂, 1♀ Bhimpedi, 400 m, 4.–7. April 1962, EBERT und FALKNER leg.
   2 ♀♀ Kathmandu, 1400 m, 20. August 1962, EBERT und FALKNER leg. 29. August 1964, DIERL leg.
   1 ♂ Prov. Nr. 1 East, Umg. Daulaghat am Sun Kosi, 800–1200 m, 19. August 1964, DIERL leg.
   1 ♀ Bi Khola, 2300–2700 m, 13. Mai 1962, EBERT und FALKNER leg.
   1 ♂ Sun Kosi, 2150 m, 2. Mai 1962. EBERT und FALKNER leg.
   1 ♂ Prov. Nr. 3, Tsola Tso, 4500 m, 7.–22. Juli 1964, LÖFFLER leg.

Sataspes infernalis WESTWOOD, 1848, Cab. Or. Ent. : 61.
   1 ♂ Prov. Nr. 3 East, Jubing, 1600 m, 21.–23. Juli 1964, DIERL leg.

Dahira rubiginosa MOORE, 1888, Proc. Zool. Soc. Lond. : 391.
   1 ♂ Kathmandu Valley, Godavari, 1600 m, 31. Mai 1964, DIERL leg., Juli 1964, ZWILLING leg.
   1 ♂ Jiri, 1900 m, 16. April 1962, EBERT und FALKNER leg.

Ampelophaga rubiginosa alticola MELL, 1922, Süd-China Sphing. : 219
   9 ♂♂ Kathmandu Valley, Godavari, 1600 m, 31. Mai und 30. August 1964, DIERL leg.
   1 ♂ Prov. Nr. 3 East, Jubing, 1600 m, 20.–23. Juli 1964, DIERL leg.

Acosmeryx montivaga KERNBACH, 1966, Khumbu Himal 1 (3) : 175
   2 ♂♂ Prov. Nr. 3 East, Jubing, 2600 m, 2. Mai 1964, DIERL leg.
   KERNBACH hat *montivaga* nach den beiden hier aufgeführten Stücken beschrieben.

Acosmeryx naga MOORE, in: HORSF. et MOORE, 1857, Cat. Lep. Ins. E. I. C. 1 : 271
   4 ♂♂ Kathmandu Valley, Godavari, 1600 m, 31. Mai 1964, DIERL leg. und Juli 1964, ZWILLING leg.

Panacra perfecta BUTLER, 1875, Proc. Zool. Soc. Lond. : 391.
   1 ♂ Kathmandu Valley, Godavari, 1600 m, 30. August 1964, DIERL leg.
   1 ♂ Prov. Nr. 3 East, Bhandar unter Thodung, 2200 m, 4. August 1964, DIERL leg.

Nephele didyma FABRICIUS, 1775, Syst. Ent. : 543.
   1 ♂, 1 ♀ Kathmandu, 1400 m, 9. und 14. April 1962, EBERT und FALKNER leg.
   3 ♂♂, 1 ♀ Kathmandu, Valley, Godavari, 1600 m, 31. Mai und 30. August 1964, DIERL leg. und Juli 1964, ZWILLING leg.
   1 ♂ Thodung, 3100 m, 27. Mai 1962, EBERT und FALKNER leg.
   4 ♂♂ gehören der Nominatform an, 1 ♂, 2 ♀♀ sind zu f. *hespera* FABR. zu stellen.

Macroglossum bombylans BOISDUVAL, 1875, Spec. Gén. Lép. Hét. 1 : 334.
   1 ♀ Namdo, 10 km W von Jiri, 3. August 1962. EBERT und FALKNER leg.

Macroglossum pyrrhosticta BUTLER, 1875, Proc. Zool. Soc. Lond. : 242.
   1 ♀ Kathmandu Valley, Godavari, 1600 m, 30. August 1964, DIERL leg.
   1 ♀ Prov. Nr. 3 East, Jubing, 1600 m, 20.–22. Juli 1964, DIERL leg.

Macroglossum affictitia BUTLER, 1875, Proc. Zool. Soc. Lond. : 240.
   1 ♀ Dudh Kosi-Tal, 2800 m, 9. Juni 1962, EBERT und FALKNER leg.

Rhopalopsyche nycteris KOLLAR in HÜGEL, 1844, Kaschmir 4 (2) : 458.
   3 ♀♀ Prov. Nr. 1 East, Pultschuk, 2700 m, 27. August 1964, DIERL leg.
   1 ♀ Khumbu, Khumdzung, 3900 m, 15. Juni 1962, EBERT und FALKNER leg.
   Verglichen mit Faltern von Sikkim, Darjeeling und Szechuan, Nigyuenfu sind die vorliegenden Stücke etwas kleiner und blasser. Es ist eine bodenständige Höhenform zu vermuten.

Celerio galii nepalensis DANIEL, 1961, Veröff. Zool. Staatss. Mchn. 6 : 160, Taf. XV, Fig. 19.
   5 ♂♂ Prov. Nr. 3 East, Junbesi, 2750 m, Raupe, 24. Juli 1964, e. l. in München, 3.–15. April 1965, DIERL, leg. (Abb. 1–2)
   1 ♂ Prov. Nr. 3 East, Dudh Kosi-Tal unter Thangpoche, 3400 m, 30. Mai 1964. DIERL leg.

2 ♂♂, 1 ♀ Khumbu, Khumdzung, 3900 m, 15. Juni und 13.–21. Juli 1962, EBERT und FALKNER leg.

1 ♂ Prov. Nr. 3 East, Khumjung, 3800 m, 21. Mai 1964. DIERL leg. ·

1 ♂, 2 ♀♀ Prov. Nr. 3 East, Khumjung, 3600 m, Raupe Anfang Juli 1964, e. l. in München 12.–20. November 1964, DIERL leg.

1 ♀ Khumbu, Thangpoche, 4000 m, 29. Juni 1962, EBERT und FALKNER leg.

1 ♂, 1 ♀ Khumbu, Periche, 4350 m, 29. Juni 1962, EBERT und FALKNER leg.

4 ♂♂, 4 ♀♀ Prov. Nr. 3 East, Dingpoche, 4400 m, 2.–3. Juni 1964, DIERL leg.

1 ♂, 1 ♀ Manangbhot, Naurgaon, 4100 m, 24. Juni 1955, LOBBICHLER leg. (Holo- und Allotypus von *nepalensis* DAN.)

Cel. galii spp. *nepalensis* wurde von mir nach einem Pärchen beschrieben. Heute liegt eine größere Zahl davon vor, was eine Erweiterung der Erstbeschreibung ermöglicht.

C. g. ssp. *nepalensis* ist stets erheblich kleiner als die Nominatform, jedoch liegen mir ähnlich kleine *galii*, die sich jedoch habituell kaum von Europäern unterscheiden, auch aus Hochlagen Innerasiens (Chitral sept., Shawar Shur 3500 m, 10. Juli aus coll. Fa. STAUDINGER und BANG-HAAS und vom SW-Karakorum, Hunza-Nagar, Dabaié, 3000 m, 22° n. Br., 74° 09′ ö. L., 23. Juli 1959, leg. LOBBICHLER) vor. Die Verdunkelung der hellen Vorderflügel-Schrägbinden kann bei *nepalensis* noch wesentlich stärker sein und nur mehr einen hellen Streif der Grundfarbe freilassen (Abb. 1, rechte Reihe, 1. Figur von oben). Die die olivbraune Außenbinde gewöhnlich hell durchschneidenden Adern $M_3 + C_2$ (gelegentlich auch C_3) bleiben bei besonders stark verdunkelten Freilandstücken und den meisten e.-l.-Faltern dunkel. Am Hinterflügel ist die wesentlich stärkere Rötung des Mittelfeldes und die Rückbildung der weißen Analflecke allen Faltern eigen. Die dunkle Saumbinde ist bei allen Freilandstücken breiter, die zwischen ihr und den Fransen bei der Nominatform auftretende helle Binde kann bei Freilandfaltern von *nepalensis* gelegentlich auch die Ausdehnung wie bei *galii* haben, ist aber dann immer von dunklen Schuppen stark überstäubt. Die e.-l.-Stücke haben mit einer Ausnahme am Saum einen Aufhellungsgrad, der demjenigen der Nominatform gleichkommt (Abb. 1, rechte Reihe 3. und 4. Figur von oben). Die Schulterdecken sind bei allen unbeschädigten Freilandfaltern weiß gesäumt, die e.-l.-Falter verlieren diese Eigenschaft größtenteils, während die kräftigere helle Dorsallinie des Abdomens stets erhalten bleibt.

Der Vergleich der in Nepal gefangenen Falter mit den dort als Raupe gefundenen, in München geschlüpften Exemplaren läßt erkennen, daß letztere in einer Reihe von Merkmalen sich *galii* typica nähern. Es bleiben bei den e.-l.-Faltern der *nepalensis* an rassetypischen Eigenschaften erhalten:

1. Die allgemeine Verdunkelung der Vorderflügel, was eine Einengung der hellen Schrägbinde in unterschiedlicher Ausprägung bedingt.
2. Die Überpuderung des unteren Teiles dieser Schrägbinde mit dunkleren (oder bläulich schimmernden) Schuppen.
3. Die wesentlich stärkere Rötung des Mittelfeldes der Hinterflügel.
4. Die Verkleinerung des weißen Analflecks der Hinterflügel.
5. Die stärkere weiße Dorsallinie des Abdomens.

Bei Zuchtstücken gehen folgende, den Freilandfaltern eigene Merkmale verloren oder bleiben nur teilweise erhalten:

1. Die Aufhellung der Adern $M_3 + C_1$ der Vorderflügel.
2. Die Verbreiterung des schwarzen Hinterflügel-Saumes.
3. Das Fehlen der Aufhellung vor den Fransen der Hinterflügel.
4. Die weißgesäumten Schulterdecken.

Auffallend bleibt, daß bei *nepalensis* keine zwei Falter einander völlig gleich sind, während bei den *galii*-Populationen Europas eine große individuelle Übereinstimmung besteht. Die Nepal-Falter scheinen also in ihrer Erbmasse recht labil zu sein.

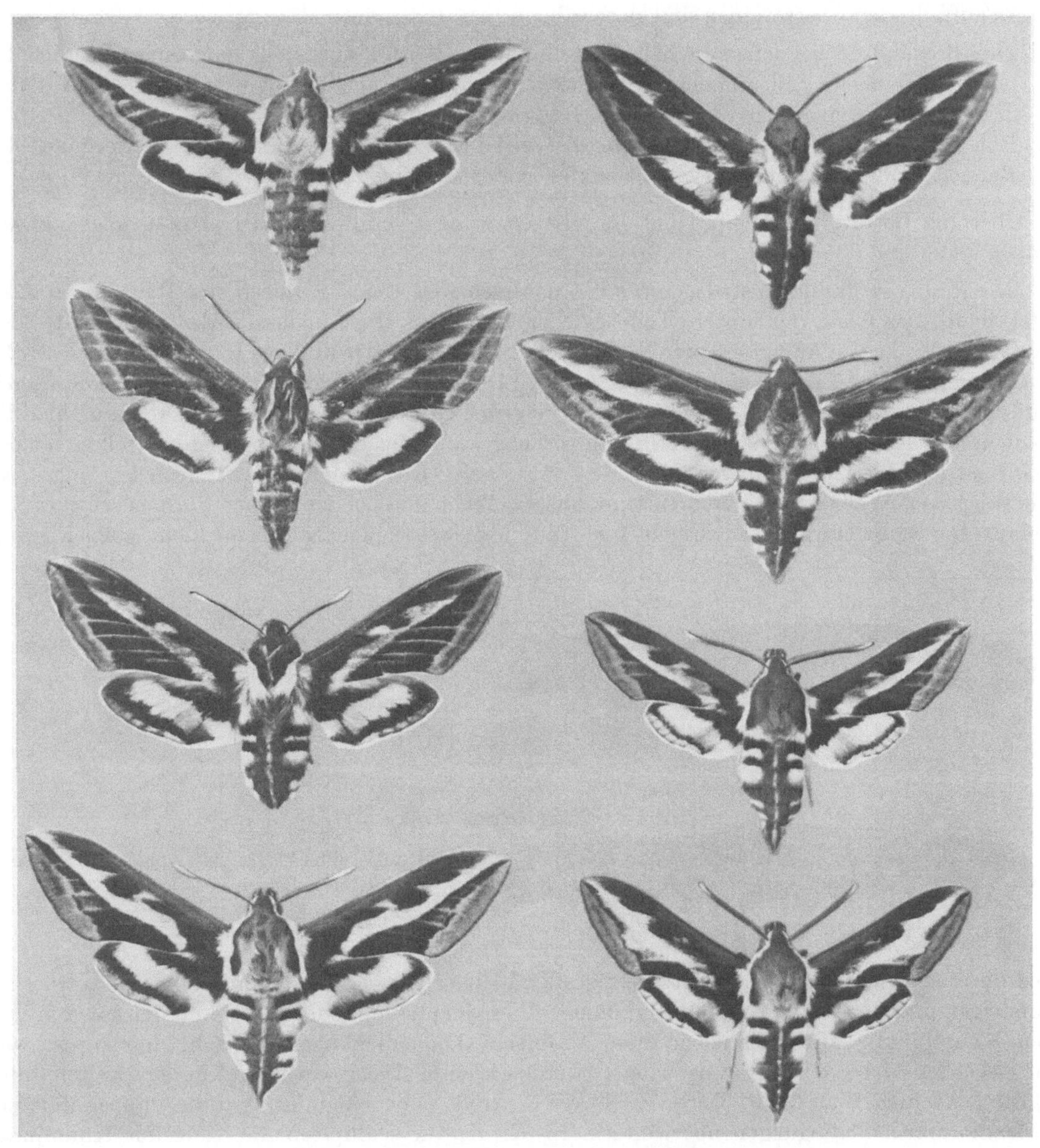

Abb. 1. Celerio galii nepalensis Daniel

linke Reihe von oben nach unten:

♂ Holotypus. Naurgaon, 4100 m, 24. Juni 1955
♂ Khumdzung, 3900 m, 21. Juli 1962
♀ Dingpoche, 4400 m, 3. Juni 1964
♀ Khumjung, 3600 m, e. l. 17. November 1964

rechte Reihe von oben nach unten:

♂ Dingpoche, 4400 m, 3. Juni 1964
♀ Allotypus. Naurgaon, 4100 m, 24. Juni 1955
♂ Khumjung 3600 m, e. l. 20. November 1964
♂ Jumbesi, Raupe 24. Juli 1964, e. l. 14. April 1965

An auffallenden Aberrationen sind zu erwähnen:

1. Drei Freiland-♂♂, bei denen die helle Mittelbinde der Vorderflügel stark eingeengt und auch der noch verbleibende Teil erheblich mit dunklen Schuppen überstäubt ist (Abb. 1, linke Reihe, 2. und 3. Figur von oben, rechte Reihe, 1. Figur).
2. Ein Nachzuchtexemplar (♂), bei dem die erweiterte helle Mittelbinde des Vorderflügels im Bereich von A_3 bis C_2 stark gegen die olivfarbene Außenbinde ausfließt (Abb. 1, rechts unten).

Über die Gestalt der Raupe und ihre Lebensweise übergibt mir Dr. DIERL folgende Angaben (Abb. 2):

»Die Raupe ist ähnlich der von *galii galii*, unterscheidet sich aber durch eine Reihe konstanter Merkmale. Der Kopf, der hintere Teil des Nackenschildes, die Außenseite der Sohlenplatte der Abdominalbeine, die Außenseite der Nachschieber, die Analplatte und das Horn sind ziegelrot. Bei *galii* sind Kopf und Nackenschild grau bis gelblich. Die Grundfarbe von nepalensis ist schwarz, auch auf der Bauchseite, während bei *galii* häufig die grüne Grundfarbe auftritt. Außerdem ist hier die Bauchseite deutlich anders gefärbt (grau-rötlichgrau). Rückenlinie und Seitenstreifen fehlen, während *galii* diese meist aufweist. Die Flecken sind ziegelrot bis gelbrot, bei *nepalensis* längsoval, die von *galii* dagegen annähernd kreisrund, meist gelblich und bei den grünen Formen schwarz eingefaßt. Die Raupenform der niedrigen Lagen (Junbesi) weist zudem zahlreiche kleine gelbe Flecken

Abb. 2. Oberes Bild:

Raupe von *Celerio galii nepalensis* DANIEL der höheren Lagen

Abb. 2. Unteres Bild:

Raupe von *Celerio galii nepalensis* DANIEL der unteren Lagen

auf, die die Seiten der Segmente unter den großen Flecken ganz erfüllen, hinter denen zum Rücken aufsteigen und sich median verbinden können. Diese Tüpfelung fehlt den Tieren der höheren Lagen (Khumjung). Wahrscheinlich ist dieser Unterschied höhenbedingt, da er sehr konstant ist, wie an vielen hundert Exemplaren beobachtet werden konnte. Die Raupen sind in der zweiten Julihälfte erwachsen, man findet Tiere verschiedener Größe nebeneinander, und die Puppen dürften unter normalen Bedingungen überwintern. In der Kultur schlüpften die Tiere aus Khumjung größtenteils noch im Vorwinter des gleichen Jahres, während alle anderen unter gleichen Bedingungen überwinterten. Die Raupe lebt, oft viele Tiere beisammen, auf *Euphorbia longifolia* DON. Sie lebt offen auf der Pflanze und ist auch am Tage aktiv. Auf anderen Pflanzen wurde sie nicht beobachtet. Diese Pflanze findet sich in großer Anzahl auf den entwaldeten Weideflächen in SO-S-Exposition. Die Puppen unterscheiden sich nicht von *galii*. Der Falter fliegt nachts noch bei 3° C und steigt bis 4400 m auf, obwohl in dieser Höhe die Futterpflanze nicht mehr vorkommt.«

Ich war nach Einsicht der jetzt eingebrachten Freilandfalter zunächst geneigt, *nepalensis* als eigene Spezies und nicht als Höhenform von *galii* anzusprechen, zudem *galii*, soweit bekannt, im asiatischen Raum nur wenig von den Populationen Europas abweicht*.

* Aus NW-Tibet, Lamak-la, 5400 m, Anfang Juli, liegen mir drei Falter vor, die FRANZ EICHLER, Wittenberg, demnächst in der »Reichenbachiana« benennen wird. Es handelt sich bei der dortigen Population um eine große, am Vorderflügel aufgehellte Form, die also in gerade entgegengesetzter Entwicklungsrichtung von *nepalensis* liegt und der Nominatform viel nähersteht. Es dürfte sich bei *nepalensis* um eine von den Monsunregen geprägte Feuchtigkeitshöhenform, bei den Tibettieren um ein Entwicklungsprodukt trockener Hochsteppen handeln.

Die erheblichen Veränderungen in Richtung zur Nominatform, die jedoch bereits bei Zuchtstücken, die nur das Puppenstadium außerhalb ihres normalen Lebensraumes verbrachten, zu erkennen sind, lassen aber den Schluß zu, daß die Eigenschaften von *nepalensis* wenigstens zum Teil ökologisch bedingt sind und die Verbindung zu *galii* doch noch recht eng ist. Auch die scheinbar so bedeutenden Abweichungen im Raupenkleid und der Futterpflanze der Raupe können in einem Genus, bei dem erhebliche Schwankungen im Habitus der Jugendstände an der Tagesordnung sind, kein überzeugendes Kriterium für Artverschiedenheit liefern.

Celerio lineata livornica ESPER, 1779, Schm. 2, 88 : 196.

    1 ♀ Mustangbhot, Mustang, 29° 11′ n. Br. 83° 58′ ö. L. 3800 m, 14. August 1955, LOBBICHLER leg. Auch dieses Stück ist dunkler als Normalfalter.

Pergesa elpenor macromera BUTLER, 1875, Proc. Zool. Soc. Lond. : 7.

    2 ♂♂ Kathmandu Valley, Godavari, 1600 m, 31. Mai 1964, DIERL leg.

Hippotion rafflesi BUTLER, 1877, Trans. Zool. Soc. Lond. 9 : 556.

    2 ♂♂, 1 ♀ Kathmandu Valley, Godavari, 1600 m, 31. Mai 1964, DIERL leg. und Juli 1964, ZWILLING leg.

    1 ♂, 1 ♀ Prov. Nr. 3 East, Junbesi, 2750 m, 25.–31. Juli 1964, DIERL leg.

Theretra nessus DRURY, 1773, Ill. Ex. Ins. 2 : 46.

    1 ♀ Kathmandu Valley, Godavari, 1600 m, 30. August 1964, DIERL leg.

Theretra clotho DRURY, 1773, Ill. Ex. Ins. 2 : 48.

    1 ♂ Kathmandu Valley, Godavari, 1600 m, 31. Mai 1964, DIERL leg.

Theretra alecto LINNÉ, 1758, Syst. Nat. ed. 10 : 492.

    6 ♂♂, 3 ♀♀ Kathmandu Valley, Godavari, 1600 m, 30. August 1964, DIERL leg. und Juli 1964, ZWILLING leg.

Theretra oldenlandiae FABRICIUS, 1775, Syst. Ent. : 542.

    12 ♂♂, 5 ♀♀ Kathmandu Valley, Godavari, 1600 m, 31. Mai und 30. August 1964, DIERL leg. und Juli 1964. ZWILLING leg.

    1 ♂ Prov. Nr. 3 East, Junbesi, 2750 m, 25.–31. Juli 1964, DIERL leg.

Theretra pallicosta WALKER, 1856, List. Lep. Ins. B. M. 8 : 145.

    1 ♀ Kathmandu Valley, Godavari, 1600 m, Juli 1964, LÖFFLER leg.

Rhagastis aurifera BUTLER, 1875, Proc. Zool. Soc. Lond. : 7.

    7 ♂♂, 2 ♀♀ Kathmandu Valley, Godavari, 1600 m, 30. August 1964, DIERL leg. und Juli 1964, ZWILLING leg.

    1 ♀ Namdo, 20 km SW v. Jiri, 3. August 1962, EBERT und FALKNER leg.

Rhagastis olivacea Moore, 1872, Proc. Zool. Soc. Lond. : 566.

    1 ♂ Kathmandu Valley, Godavari, 1600 m, 31. Mai 1964, DIERL leg.

    1 ♂ Prov. Nr. 2 East, Bhandar unter Thodung, 2200 m, 5. August 1964, DIERL leg.

Cechenena lineosa WALKER, 1856, List. Lep. Ins. B. M. 8 p : 144.

    20 ♂♂, 6 ♀♀ Kathmandu Valley, Godavari, 1600 m, 31. Mai und 30. August 1964, DIERL leg. und Juli 1964, ZWILLING leg.

Cechenena scotti ROTHSCHILD, 1920, Ann. Mag. Nat. Hist. (5) : 482.

    2 ♂♂ Kathmandu Valley, Godavari, 1600 m, 31. Mai 1964, DIERL leg.

Anschrift des Verfassers:

FRANZ DANIEL, ZOOLOGISCHE SAMMLUNG DES BAYERISCHEN STAATES, 8 MÜNCHEN 19, SCHLOSS NYMPHENBURG, NORDFLÜGEL, EINGANG MARIA-WARD-STRASSE

EINE NEUE SERICA-ART AUS DEM HIMALAYA-STAAT NEPAL (COL.)

Von

Georg Frey, Tutzing

Mit 1 Textabbildung

Von der Zoologischen Staatssammlung München erhielt ich eine von Herrn LOBBICHLER gesammelte Anzahl von Käfern aus Nepal zur Determination. Eine neue *Serica* erwies sich als zur Gattung *Nepaloserica* gehörig, welche Gattung bereits im Bericht der Nepalexpedition beschrieben wurde. Deshalb erscheint mir die Beschreibung der neuen Arten ebenfalls im Rahmen der Forschungsergebnisse der Nepalexpedition angebracht. Die Beschreibung lautet wie folgt:

Nepaloserica rufescens nov. spec. (Col. Mel. Seric.)

Gestalt langgestreckt (♂), Flügeldecken fast parallel (♀).

Oberseite rötlich, Kopf etwas dunkler, Vorderecken des Halsschildes und Fühler rotgelb, Unterseite und Pygidium gelb.

Stirn, Halsschild, Flügeldecken und Skutellum matt, tomentiert, Pygidium und Unterseite bereift. Clypeus glänzend. Die Flügeldecken sind an den Seiten hell bewimpert. Auf dem Kopf und auf den Seitenrändern des Halsschildes einige längere aufrechte Borsten; sonst ist die Oberseite unbehaart.

Brust lang abstehend hell behaart; die Ventralsegmente in der Mitte mit abstehenden Borstenreihen, auch das Pygidium mit einzelnen zerstreuten ebensolchen Borsten ausgezeichnet. Die Hinterschenkel relativ schmal, die Seiten zu ¾ parallel und ebenfalls mit einer Reihe heller Borsten bekleidet.

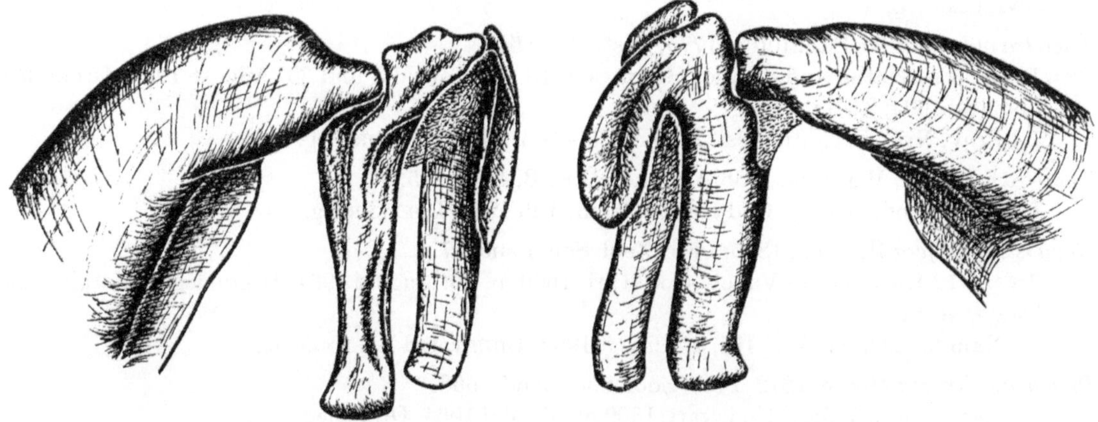

Abb. 1. Parameren von *Nepaloserica rufescens* nov. spec. beidseitig gesehen

Clypeus breiter als lang, rechteckig, die Ecken stark abgerundet, vorne nur äußerst wenig ausgerandet. Die Oberseite ist ziemlich dicht und mittelfein punktiert.

Die Halsschild-, Vorder- und Hinterecken sind rechtwinkelig und abgerundet; der Seitenrand nur wenig nach außen gebogen.

Halsschild, Skutellum und Flügeldecken sind infolge der Tomentierung nur sehr undeutlich erkennbar (15 x); die Flügeldecken sind in Reihen flach punktiert, die schmalen Zwischenräume ein wenig gewölbt.

Die Vorderschienen haben zwei Zähne; die Fühler (♂) haben 10 Glieder und einen siebenblättrigen, gebogenen Fächer, der etwa 1½ mal so lang wie der Schaft ist.

Länge 11–13 mm

Nepal, Manangbhot, 28° 40′ n. Br. 84° 1′ ö. L., Sabsi Chu, 3500 m, 14. Juni 1955, 1 ♂, 1 ♀ leg. F. LOBBICHLER.

Nepaloserica rufescens nov. spec. unterscheidet sich von *Nepaloserica procera* FREY, 1965, durch die rote Farbe, die länger gestreckte Form und durch die wesentlich kürzeren Fühler. Parameren siehe Abb. 1. Holotypus in der Zoologischen Sammlung des Bayerischen Staates in München, Paratypus in meinem Museum.

Anschrift des Verfassers:

DR. GEORG FREY, 8132 TUTZING, HOFRAT-BEISELE-STRASSE 2

EINE NEUE ANOMALA AUS DER VERWANDTSCHAFT
DER ANOMALA CALVA BENDERITTER
(COLEOPTERA: LAMELLICORNIA, MELOLONTHIDAE, RUTELINAE)

Von

JOHANN W. MACHATSCHKE

Feldafing bei München

Mit 7 Textabbildungen

Von der Zoologischen Sammlung des Bayerischen Staates in München erhielt ich aus der Ausbeute des Forschungsunternehmens Nepal Himalaya drei Männchen einer durch die dunkle Scheibenmakel auf dem Halsschild den *Adoretosoma*-Arten zum Verwechseln ähnlichen *Anomala*, die in die Verwandtschaft der *Anomala calva* BENDERITTER (1927) gehört. BENDERITTER hat die Art nach einem Pärchen aus Assam beschrieben. Leider fehlt bei den Typen eine genauere Fundortangabe, so daß wir bis heute über die Verbreitung der *Anomala calva* nichts Näheres wissen.

Anomala nepalensis nov. spec.

Der verhältnismäßig schlanke Körper ist hinter der Mitte am breitesten und von hier nach vorn und hinten stärker verengt, eiförmig. Die Oberfläche ist ziemlich flach, gelb, nur auf dem Kopf ist die obere Stirn und der Scheitel dunkelbraun. Auf dem Halsschild ist in der Mitte der Scheibe ein großer dunkler Fleck, der in der Mitte gewöhnlich zwei schlecht ausgeprägte, dunkelgelbbraune Längsstreifen aufweist, deren unbestimmte Ränder rasch erst dunkelbraun, später allmählich grün werden und schließlich in die dunkelgrünen, den Fleck gut gegen die gelben Seiten begrenzenden Ränder übergehen. Auf den Flügeldecken ist der Nahtstreifen, ein unbestimmter Fleck um das Schildchen und ein unscharf begrenzter, unbestimmter Streifen längs der Seitenränder dunkelbraun. Ebenso ist die Mitte der Pygidiumscheibe und das Propygidium dunkelbraun. Alle diese dunklen Flecke weisen einen stärkeren metallischen Glanz auf, der auf dem Kopf auch auf den gelben Kopfschild übergreift. Die Unterseite und die Beine sind scherbengelb, nur die Tarsen sind etwas dunkler.

Der Kopfschild des ziemlich kleinen Kopfes ist fast trapezförmig. Doch wird die trapezförmige Gestalt durch die breit abgerundeten Vorderecken verwischt. Der Vorderrand ist flach aufgebogen. Die Kopfschildscheibe ist in der Mitte ganz schwach gewölbt und hinter den Vorderecken etwas muldenartig vertieft. Von der Stirn wird sie durch eine undeutliche gerade Naht – diese bildet eine fein eingeritzte Linie – getrennt. Die Ränder der die Scheibe des Kopfschildes bedeckenden Punkte berühren einander, wodurch diese etwas verrunzelt erscheinen. Die gleichen Punkte befinden sich auf der Stirn, gleich hinter der Stirnnaht. Dagegen ver-

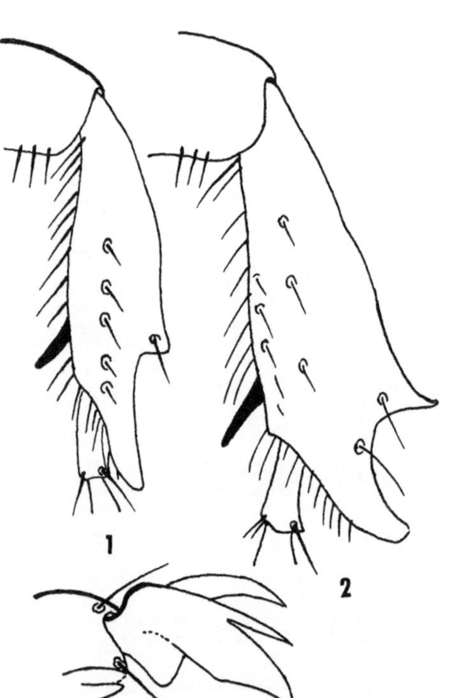

Abb. 1. Anomala nepalensis nov. spec., Vorderschiene

Abb. 2. Anomala calva BENDERITTER, Vorderschiene

Abb. 3. Anomala nepalensis nov. spec., Vorderklauen

größert sich allmählich gegen die obere Stirn und vor allem vor den Augen, bzw. gegen den Scheitel zu, der Abstand zwischen den Punkten, so daß sie schließlich einzeln angeordnet sind.

Der stärker gewölbte Halsschild ist in der Mitte am breitesten und von hier nach vorn mehr verengt als nach hinten. Alle vier Seiten sind gerandet. Die nur wenig vorgezogenen Vorderecken sind scharfeckig. Sie bilden fast einen rechten Winkel. Die breit abgerundeten Hinterecken sind nur wenig ausgeprägt. Die Oberseite ist ziemlich dicht punktiert, doch sind die Punkte unregelmäßig angeordnet und ihr Abstand ist stellenweise weiter als ihr Durchmesser.

Das Schildchen ist nur wenig breiter als lang. Seine Seiten sind abgerundet. Die Scheibe ist zerstreut punktiert; nur in der Mitte ist manchmal ein größerer Fleck glatt.

Auf den Flügeldecken sind zehn etwas gefurchte Punktreihen, von denen nur die zweite hinter dem Schildchen stark unregelmäßig ist. Sie wird erst hinter der Mitte der Decken zu einer geraden, regelmäßigen Punktreihe. Die zwischen den Reihen befindlichen Rippen und Scheinrippen sind schwach gewölbt. Auf ihnen befinden sich zerstreut einzelne, etwas größere Punkte.

Das dreieckige Pygidium ist stärker gewölbt und mit flachen Raspelpunkten besetzt.

Die Beine sind schlank, aber nicht lang. Die Vorderschienen haben am Außenrand zwei Außenrandzähne, von denen der Spitzenzahn kaum nach außen gerichtet ist und in seiner Form sehr an die Spitzenzähne der Weibchen erinnert (Abb. 1). Die größere Klaue der Vorderbeine ist tief gespalten, stark verdickt und kurz vor der Basis winkelig abgebogen (Abb. 3). Die Klauen der Mittel- und Hinterbeine sind schlank und lang. Die kürzeren inneren sind fast so lang wie die benachbarten äußeren. Die größere Klaue der Mittelbeine ist ebenfalls gespalten.

Am Forceps dieser Art (Abb. 6 und 7) sind die Parameren etwas asymmetrisch. Sie sind seitlich zusammengedrückt. Ihre distalen Enden sind blattartig, breit und nach unten umgebogen. Die

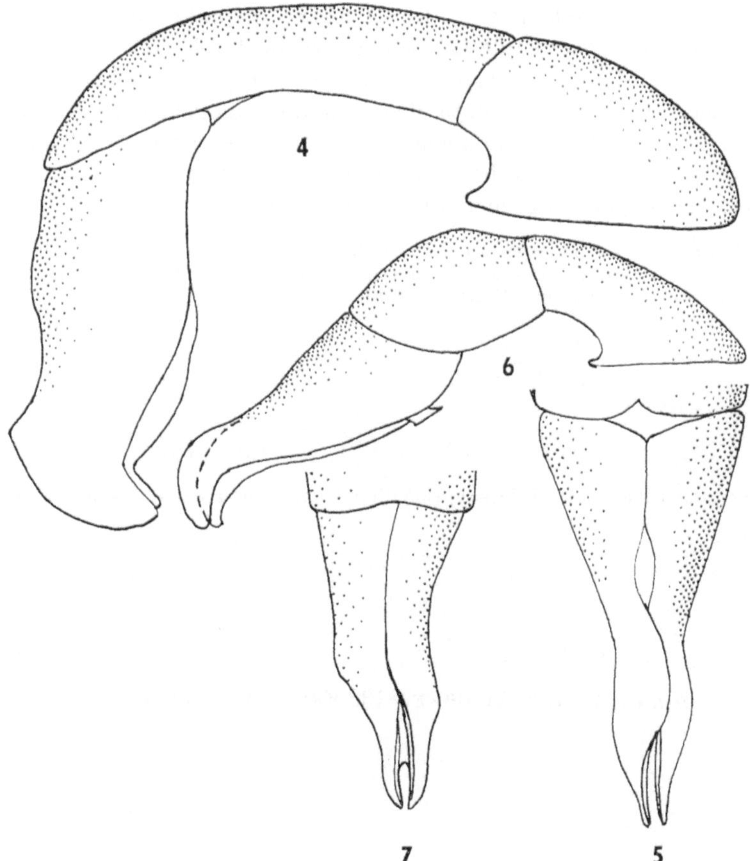

Abb. 4 und 5. Anomala calva
BENDERITTER,
Forceps des Männchens

Abb. 4, von der Seite,
Abb. 5, Parameren von oben

Abb. 6 und 7. Anomala nepalensis nov spec.,
Forceps des Männchens

Abb. 6, von der Seite,
Abb. 7, Parameren von oben

obere Kante jeder Paramere ist etwas verdickt (Abb. 7). Die Parameren erwecken den Eindruck einer schwächeren Sklerotisierung.

Länge: 8 mm, Breite: 3,5 mm

Das Weibchen dieser Art hat mir nicht vorgelegen. Es ist vorerst noch unbekannt.

Holotypus (1 ♂) von Nepal: Balephi Bazar, 1500 m, 29. April 1962, leg G. EBERT, Zool. Staatssammlung München; 2 Paratypen (♂♂) von Nepal: Sun Khosi-Tal, 2150 m, 2. Mai 1962, vom gleichen Sammler.

Nach den beiden Fundorten scheint die Art eine Hochgebirgsform zu sein.

Von der nahe verwandten *Anomala calva* BENDERITTER* unterscheidet sich *Anomala nepalensis* nov. spec. durch den schlankeren und schwächer gewölbten Körper. Außerdem fehlt, wie schon eingangs erwähnt, die dunkle Scheibenmakel auf dem Halsschild. *Anomala calva* BENDERITTER ist außerdem etwas größer (9:5mm), scherbengelb, und nur der Kopf und die Tarsen sind etwas dunkler braun. Ferner ist der Kopfschild parabolisch, seine Scheibe ist flach und kaum verrunzelt. Die Punkte auf der Stirn sind weniger tief eingestochen.

Der Halsschild ist hinter der Mitte am breitesten, und die weniger abgerundeten Hinterecken sind schwach gewinkelt. Die Punkte auf der Halsschildscheibe sind größer.

Die Punktreihen auf den Flügeldecken sind kaum gefurcht, regelmäßig, die zweite ist ein kurzes Stück beim Schildchen verworren. Alle Rippen sind flach und punktfrei.

Die Pygidiumscheibe ist dicht mit hufeisenförmigen Punkten besetzt.

Auf den Vorderschienen sind die beiden Außenrandzähne größer, spitzer, und der Spitzenzahn ist mehr nach außen gerichtet (Abb. 2). Die größere Klaue der Vorderbeine ist etwas schlanker und vor der Basis weniger winkelig abgebogen.

Die Parameren des Forceps der Männchen von *Anomala calva* BENDERITTER (Abb. 4 und 5) sind von der Seite gesehen höher. Der Oberrand der linken Paramere bildet hinter der Verdickung der oberen Kante am distalen Ende einen ziemlich scharfen Winkel (Abb. 4), während der Oberrand der rechten Paramere abgerundet erscheint. Einen ähnlichen Winkel bilden auch die Unterränder beider Parameren kurz hinter den nach unten umgebogenen, blattartigen distalen Enden (Abb. 4).

Von den täuschend ähnlichen *Adoretosoma*-Arten unterscheidet sich *Anomala nepalensis* nov. spec. vor allem durch die kürzeren Beine, die vertieften Punktreihen auf den Flügeldecken und den tiefen Spalt der größeren Klaue der Vorderbeine.

* Ich möchte auch hier Herrn Kollegen Dr. GERRIT FRIESE vom Deutschen Entomologischen Institut in Eberswalde für die leihweise Übersendung des Typus, der sich dort befindet, herzlich danken (Männchen, das Weibchen ist in der Sammlung BENDERITTER).

Literatur

BENDERITTER, E., 1927: Description d'un Anomala nouveau d'Assam. – Ent. Mitt. 16: 430, Fig. a, b.

Anschrift des Verfassers:
DR. JOHANN W. MACHATSCHKE, 8133 FELDAFING BEI MÜNCHEN, AM KIRCHPLATZ 6

DIE LOBATEN ARTEN DER SAMMELGATTUNG LECANORA
LICHENES, LECANORACEAE
(FLECHTEN DES HIMALAYA 1)

Von

JOSEF POELT, Berlin

Mit 6 Textabbildungen

Im Rahmen des Forschungsunternehmens Nepal Himalaya unternahm der Verfasser, Hochsommer bis Herbst 1962, eine Expedition in das Gebiet des Khumbu-Himalaya und widmete sich dabei in erster Linie der Erforschung der Flechtenflora höherer Lagen. Ein Überblick über die Expedition selbst, die besuchten Gebiete und allgemeine Gesichtspunkte wird zu gegebener Zeit getrennt vorgelegt werden, so daß hier auf Einzelheiten verzichtet werden kann. Die hauptsächlichen Fundpunkte lassen sich aus der später beigefügten Karte ersehen (Flechten des Himalaya 2).

Die Bearbeitung des gesammelten, der Botanischen Staatssammlung München übergebenen Materials wird lange Jahre dauern. Einige Gruppen wurden von Spezialisten übernommen, einige Verwandtschaften will der Verfasser selbst klären. Daß hier zunächst mit einer nur schematisch abgrenzbaren Gruppe, den lobaten Arten der Gattung *Lecanora*, begonnen wird, beruht einfach darauf, daß der Verfasser diese Gruppe früher näher studiert hat (POELT, 1958). So lagen gerade hier die geringsten Schwierigkeiten, und umgekehrt konnten in diesem bekannten Bereich am ehesten allgemeine Erkenntnisse gewonnen werden, die sich etwa auf das sehr unterschiedliche Maß der bisherigen Erforschung in den verschiedenen Höhenstufen beziehen.

Neben den Proben des Verfassers wurden in die Studie eingearbeitet: einige Aufsammlungen von Herrn F. LOBBICHLER aus dem zentralen Nepal; Material aus dem Herbar D. D. AWASTHI, Lucknow, das wertvolle Ergänzungen aus dem westlichen Himalaya ergab. Weiter wurden berücksichtigt in der Botanischen Staatssammlung München liegende, aus dem letzten Jahrhundert stammende Stücke. Zu Vergleichszwecken standen Proben aus dem Naturhistorischen Museum Wien zur Verfügung. Herrn Direktor Dr. K. H. RECHINGER sowie den genannten Herren gebührt der aufrichtige Dank des Verfassers. Herzlicher Dank sei weiter den verschiedenen Damen und Herren der Schweizer Hilfsmissionen in Nepal gesagt, von denen der Verfasser Hilfe jeder Art erfuhr.

Kalkreiche Gesteine sind im nepalischen Ost-Himalaya selten; im Arbeitsgebiet des Verfassers fehlen sie vollständig. Alle behandelten Arten sind entsprechend Bewohner saurer Gesteine oder saurer Böden.

Abkürzungen: (AW) = Herbar D. D. AWASTHI, (W) = Naturhistorisches Museum Wien. Alle Materialien ohne Herbarangabe liegen in der Botanischen Staatssammlung München (= M).

Übersicht über das System

Lecanora subgenus *Lecanora*

Lecanora olivascens-Gruppe
 1. *Lecanora demissa* (FLOTOW) ZAHLBRUCKNER

Lecanora radiosa-alphoplaca-Gruppe
 2. *Lecanora praeradiosa* NYLANDER
 3. *Lecanora alphoplaca* ACHARIUS

Lecanora subgenus *Placodium*

Sectio *Dactylon*
 4. *Lecanora amorpha* POELT
 5. *Lecanora teretiuscula* ZAHLBRUCKNER
 6. *Lecanora chondroderma* ZAHLBRUCKNER
 7. *Lecanora himalayae* POELT

Sectio *Petrasterion*

    8. *Lecanora valesiaca* MÜLLER ARG.
      var. *valesiaca*
    9. *Lecanora tschomolongmae* POELT
   10. *Lecanora hellmichiana* POELT
   11. *Lecanora phaedrophthalma* POELT
   12. *Lecanora sherparum* POELT

Sectio *Placodium*

   13. *Lecanora muralis* (SCHREBER) RABENHORST
      var. *muralis*
      var. *dubyi* (MÜLLER ARG.) POELT
   14. *Lecanora garovaglii* (KOERBER) ZAHLBRUCKNER

Sectio *Omphalodina*

   15. *Lecanora peltata* (RAMOND) STEUDEL
   16. *Lecanora melanophthalma* (RAMOND) RAMOND
      var. *obscura* (STEINER) POELT
   17. *Lecanora rubina* (VILLARS) ACHARIUS
      var. *rubina*
      var. *australis* POELT

Schlüssel für die behandelten Arten

1 a Lager rein mittel-dunkelbraun, manchmal weißlich bereift. Kleiner Felshafter mit deutlichen, rundlichen Soralen im Lagerinneren, auch an den zentripetalen Enden der Randloben; Apothecien sehr selten. – Auf nicht beregneten Steil- und Überhangflächen saurer Silikate.

Lecanora demissa

1 b Lager ohne Sorale, nicht dunkelbraun, wenn bräunlich, dann grau- bis grünlichbraun. Apothecien meist vorhanden.

2 a Lager hell- bis bräunlichgrau, K + gelb – blutrot (Salazinsäure – Gruppe). Große kräftige Felshafter mit strahligen Loben. – Auf stark besonnten Silikatfelsen des westlichen Himalaya.

3 a Lager weißgrau. Loben hochgewölbt bis drehrund, hohl.

Lecanora alphoplaca

3 b Lager bräunlich- bis rötlichgrau. Loben schwach gewölbt, nie drehrund, nicht hohl.

Lecanora praeradiosa

2 b Lager schwefelgelb, gelbgrün bis grau- oder braungrün, K– oder leicht + gelblich; Rinde ± von gelbgrauen Körnern durchsetzt.

4 a Lager schildförmig genabelt, an den Rändern oft blättrig zerteilt, selten fast krustig-schuppig, dann aber jede Schuppe für sich am Grunde nabelartig zusammengezogen. – Nitrophile Gesteinsbewohner.

5 a Scheiben rosa bis bräunlichrot, doch oft dick gelblich bereift, Lager weiß- bis gelbgrün. Ap. verengt sitzend.

Lecanora rubina

6 a Mark locker, PD –   var. *rubina*

6 b Mark meist dicht von Kristallkörnern erfüllt, PD + tiefgelb.   var. *australis*

5 b Scheiben nicht irgendwie rot. Ap. zunächst eingesenkt.

7 a Scheiben nur in der Jugend gelbgrün, bald zu Schwarzblau verfärbt, oft weißlich bereift. Mäßig starre oft stark zerteilte Thalli von ± gelblichgrüner Farbe. Mark PD + stark gelb.

Lecanora melanophthalma var. *obscura*

7 b Scheiben braun, sehr lange eingesenkt, unbereift. Sehr starre und dicke, oft rundlich schild-
förmige Lager von gelb- bis braungrüner Farbe. Mark PD – oder + gelb.

Lecanora peltata

4 b Lager nicht schildförmig, sondern krustig-schuppig bis blättrig, mit mehreren Haftpunkten
oder einer größeren Grundfläche angeheftet.

8 a Auf Erde oder über Moosen wachsend, nicht direkt auf Fels. Schwefelgelbe bis gelbgrüne,
meist nicht deutlich strahlig wachsende Arten der alpinen Stufe.

9 a Ap. hell ockergelb bis gelbbraun, nicht oder jedenfalls nicht deutlich bereift.

10 a Lager aus selten verflachten, meist drehrunden, unregelmäßig knotig verdickten, aufsteigenden bis aufrechten Loben bestehend, sehr locker zwergstrauchig. Ap. meist an den Enden
± aufrechter Loben und deshalb ± lang gestielt erscheinend. – Auf offenen, windverfegten
Flächen.

Lecanora teretiuscula

10 b Lager krustig, zusammenhängend, stark warzig verunebnet bis fast spinnwebig, rissig, am
Rande nur undeutlich lappig. Ap. dicht aufsitzend, bald biatorinisch. – Auf Erde unter Über-
hängen.

Lecanora amorpha

9 b Apothecien zuerst bleichgelblich-braun und bereift, bald graubläulich und dann schwarzblau
bis schwarzgrün verfärbend und am Ende reiflos; Lager an Druckstellen im Herbar oft rosa
verfärbt.

11 a Lager gelbgrün bis bläulichgrau, anfangs bereift, doch bald verkahlend, mit deutlich verlängerten, strahligen, konvexen Randloben besetzt; auch die Loben im Inneren des Lagers
gestreckt, nicht selten dachziegelig aufsteigend. Apothecien aufsitzend. Gern in Spalten von
Gneisblöcken, doch auch auf windverfegten Plätzen häufig.

Lecanora chondroderma

11 b Lager schwefelgelb bis gelbgrün, bereift-körnig, fast *toninia*-artig, mit kurzen und sehr breiten, oben auffällig abgeflachten bis etwas eingedrückten, unten stark geschwärzten Lagerteilen. Randloben kaum verlängert. Ap. ± eingesenkt mit meist unregelmäßig verbogenen und
gekerbten, ebenfalls abgeflachten, später gelappten Rändern. – Auf windverfegten Plätzen,
auch mit der vorigen zusammen.

Lecanora himalayae

8 b Auf Gestein wachsende und dort fest angeheftete Arten.

12 a Randloben kaum länger als breit, wie die übrigen Lagerteile dem Substrat mit der ganzen
Unterseite dicht angewachsen. Kleine (0,5–1 cm) Arten mit dünnen Loben, Sporen um
6–9/3,5 – 4,5 µ.

13 a Ap. zuerst fahlgelblich und bereift, bald bläulichgrau bis schwarzgrün verfärbend. Schuppen
mäßig gewölbt. Rinde unecht. Mark oben PD + gelb. – Alpine Stufe.

Lecanora tschomolongmae

13 b Ap. hellgelblich bis gelbbraun bis hellrötlichbraun. Loben völlig flach, manchmal die Ränder
etwas verdickt. Rinde echt. Mark PD + rotorange bis rosa. – Im subtropischen Bereich.

Lecanora hellmichiana

12 b Randloben deutlich länger als breit, oder wenn gleichlang, dann stark abgesetzt und fast
gestielt und leicht abhebbar. Loben am Rande deutlich abgesetzt. Meist größere bis sehr
große (excl. 16 a, 17 a), ziemlich stark nitrophile Arten. Sporen excl. 17 a meist größer.

14 a Loben hochgewölbt, oft verdreht-verfaltet, im Alter hohl, dem Substrat mit getrennten Haftpunkten angewachsen. Oberfläche oft grau bereift. Rosettige Bewohnerin trockener, besonn-
ter Blöcke.

Lecanora garovaglii

14 b Lagerteile flach bis wenig gewölbt, auch im Alter nicht hohl, mit einer zusammenhängenden Grundfläche angeheftet.

15 a Rinde PD + stark gelb. Lager gelbgrün, unbereift, knorpelig, etwas glänzend. Randloben manchmal stark verlängert und fast fiedrig verzweigt, doch oft nicht deutlich differenziert. Der weitaus überwiegende Teil des Lagers wird von zerstreuten bis dichtstehenden, ± isodiametrischen, oft wellig verbogenen, leicht von der Unterlage ablösbaren, zusammengesetzten Schuppen aufgebaut. Ap. zahlreich, aber zerstreut.

Lecanora sherparum

15 b Rinde PD —. Lager immer deutlich rosettig.

16 a Lager ziemlich klein, regelmäßig stark bereift. Loben dicht anliegend, dünn und flach, die Ränder meist etwas aufgebogen und wulstig verdickt, die Oberfläche an den Lobenenden gern etwas körnig. Ap. im Inneren gedrängt, mit ± gekerbten Rändern und grünlichbraunen bis gelbbraunen Scheiben. Kleine bis mittelgroße Art xerischer Gebiete.

Lecanora valesiaca var. valesiaca

16 b Lager normalerweise nicht bereift. Loben ± gewölbt, Ränder nicht wulstig verdickt. Scheiben meist gelb- bis dunkelbraun.

17 a Kleine Art mit bis 1 cm breiten Rosetten und bis 1,5 mm langen, unregelmäßigen, sehr locker anliegenden Randloben. Rinde unecht. Ap. bis 1,5 mm groß, die Scheiben bald hochgewölbt und glänzend braun bis weinrötlich. Sporen um 8–9/4–5 µ.

Lecanora phaedrophthalma

17 b Mittel- bis sehr große Art mit echter Rinde vom Kegeltyp. Ap. meist größer, die Scheiben nur ausnahmsweise gewölbt. Sporen um 8–13/3,5–6 µ.

Lecanora muralis

18 a Randloben oft fast blättrig, von der Unterlage wenig versehrt abhebbar. Lager groß bis sehr groß, Rosetten also bis über 5 cm breit. Ap. groß, Scheiben meist dunkelbraun. – Hierher vorläufig auch die ± braun gefärbten, mit dicken, warzig zerbrechenden Epinekralschichten besetzten, dick- und starrlagerigen Formen der Trockengebiete.

var. dubyi

18 b Randloben schlecht abhebbar. Lager dünn bis mäßig dick, die Rosetten meist weit unter 5 cm breit. Ap. mit lagerfarbigen bis dunkelbraunen Scheiben.

var. muralis

1. Lecanora demissa (Flotow) Zahlbruckner, 1898, Verh. zool. bot. Ges. Wien *48*: 368; Poelt, 1958: 447.–

Lecanora incusa (Flotow) Wainio; Zahlbruckner, 1928: 625.

Khumbu: Südlich Khumzung, überhängende Steilfläche eines großen Gneisfelsens, 3900–4000 m, mit *Caloplaca* sp. (L. 301); Dingpoche, ± 4200 m, mit *Xanthoria elegans* und *Buellia (Diplotomma)* sp. (L 913).

Lecanora demissa gehört zu den charakteristischen Bewohnern nicht beregneter, trockener, steiler bis überhängender Wände saurer Silikate und ist in Europa eury- bis submediterran verbreitet. Die Funde aus dem Himalaya erweitern das Areal sehr beträchtlich nach Osten. Die Standortsverhältnisse bleiben durch das ganze Gebiet, oftmaligen eigenen Beobachtungen zufolge, die gleichen.

Die Aufsammlung von Khumzung zeigt schwach bereifte, deutlich rosettige, etwa 2–5 mm messende Lager mit dünnen, dicht aneinanderschließenden Loben. Das Exemplar von Dingpoche ist durch wirr durcheinanderwachsende, an den Enden etwas abgesetzte, dicke, unbereifte Loben ausgezeichnet; es scheint, wie auch die Vergesellschaftung andeutet, gut ernährt zu sein. Ähnliche Formen lassen sich auch in europäischem Material finden. Die Extreme sind durch gleitende Übergänge verbunden.

2. Lecanora praeradiosa NYLANDER 1884, Flora *67*: 389; ZAHLBRUCKNER, 1928: 646; POELT, 1964: 256.

NW-Himalaya: Kangra distr., Kuhi, 4000–4500 m, 1952, O. A. HÖEG (AW 1460); Almora distr., near Pindari glacier, 11500 m, 1950, D. D. & A. M. AWASTHI (AW 776, M).

Lecanora praeradiosa ist, wie bei POELT loc. cit. dargestellt, eine übersehene, etwa zwischen *Lecanora radiosa* und *Lecanora alphoplaca* stehende, bald für die eine, bald für die andere bestimmte, für die trockenen Silikatgebiete mediterran-submediterraner Klimate bezeichnende Art. Sie zieht sich ihren Ansprüchen gemäß vom südlichen Mitteleuropa durch das Mittelmeergebiet nach Osten bis in die innerasiatischen Trockengebiete und kehrt im westlichen Nordamerika wieder. Das Vorkommen im Westhimalaya fügt sich gut in dieses Bild. Nächste Fundorte liegen im Karakorum (POELT, 1861: 90) und in Usbekistan (»in promontorio jugi Alaiensis«, SCHAFEEV, M.).

3. Lecanora alphoplaca ACHARIUS, 1810, Lichenogr. Univ.: 428; ZAHLBRUCKNER, 1928: 605.

NW-Himalaya: Kangra distr., Chandra valley, Chatin, 11000 m, 1952, O. A. HÖEG (AW 1740); westlich von Chini, SKOLICZKA (M).

Lecanora alphoplaca kann als die höchst entwickelte Art des ganzen, schlecht untersuchten Formenkreises um *L. radiosa-alphoplaca* gelten. Sie hat eine weite, dabei recht disjunkte Verbreitung, deren einzelne Züge wegen vielfacher Verwechslungen, u.a. mit der vorstehenden Art, noch unklar sind. Auch sie gehört vorzugsweise den trockeneren Gebirgen an. In den inneralpinen Trockentälern ist sie zerstreut, dabei lokal häufig. In Asien kommt sie z.B. in Usbekistan vor (»in promontorio jugi Alaiensis«, SCHAFEEV, M.) sowie im Karakorum (POELT, 1961: 88), weiter in China, Schensi (GIRALDI, M)..

Normalerweise wächst die Art auf ± geneigten, besonnten Blockflächen saurer Silikate. Einige der asiatischen Aufsammlungen (z.B. Karakorum, Toltar-Hochkar, 4400 m, leg. J. SCHNEIDER) enthalten über Moosen gewachsene Pflanzen, was angesichts der Substratspezifität vieler Flechten überrascht. Der Übergang locker angehefteter, blattflechtenähnlicher Gesteinsbewohner von Gestein auf Moose ist in Trockengebieten allerdings keine seltene Erscheinung und hat wohl nichts mit einer Veränderung des Genotyps zu tun.

4. Lecanora amorpha* POELT nov. spec.

Terricola. Thallus effusi-limitatus, subcrassus, mollis, superficie verrucosi-inaequalis rimulosa, sulphurea ad ochroleuca, lobis marginalibus indistinctis brevibusque. Apothecia dispersa, ut videtur biatorina, ochracea, partim thallo subcincta et algis in excipulo inclusis. Structura interna irregularis. Thallus non corticatus. Excipulum crassum, valde conglutinatum. Hymenium etiam valde conglutinatum. Paraphyses anastomosantes. Sporae octonae, anguste ellipticae, mediae.

Größtes gesammeltes Lager 6 cm lang, den Unebenheiten der Unterlage (sandige Erde, Moose) folgend, nicht blättrig oder deutlich areoliert, sondern zusammenhängend bis zerrissen-krustig, von sehr unregelmäßiger zusammengesetzt-warziger Oberfläche, die teilweise glatt, teilweise fast spinnwebig aufgelöst ist, dabei hellocker- bis schwefelgelb gefärbt. Randloben nur andeutungsweise entwickelt, nicht deutlich umschrieben, dünner als das offenbar stark, wenn auch unregelmäßig in die Dicke wachsende Lager.

Apothecien zerstreut, die Scheiben bis um 1 mm breit, hell ockerbraun, schwach gewölbt bis unregelmäßig wuchernd, dem Lager dicht aufsitzend, teilweise rein biatorinisch, teilweise von abgesetzten warzigen Lagerteilen umgeben, die eine Art von Lagerrand bilden.

Lager K–, C–, PD–, KC + gelblich.

Lager im Schnitt von sehr ungleicher Oberfläche, gleichsam ausgefranst, von einheitlich regellosem Aufbau, d.h. ohne deutliche Schichten, von der Oberfläche bis zur unteren Begrenzung von wolkigen Ansammlungen kleiner grauer bis bräunlicher Körner durchsetzt. Gegen den oberen Rand zu finden sich zerstreute bis manchmal dichtstehende Algenkolonien. Eine deutliche Rinde ist nicht entwickelt, auch kein gut abgesetzter Pseudocortex.

* von griechisch ἄμορφος = mißgestaltet, formlos.

Excipulum aus ± strahligen, Hypothecium aus ± senkrechten Hyphen aufgebaut, beide zusammenfließend und stark verleimt, so daß nur die Hyphenlumina deutlich sichtbar bleiben. Hypothecium von feinen Öltropfen durchsetzt. Gelegentlich dringen kleine Algengruppen in das Excipulum ein, doch ist dieses an anderen Stellen völlig von Algen frei. Hymenium schwer zu messen, da von dem aus meist senkrecht verlaufenden Hyphen aufgebauten Hypothecium schwer abzugrenzen, etwa 70 µ hoch. Epithecium dichtkörnig, fast nur aufliegend, seltener in das sehr stark verleimte Hymenium eindringend. Paraphysen gelegentlich verzweigt und ziemlich oft anastomosierend, die Enden schwach verdickt, in KOH etwa 2,5 µ ohne die verquollene Außenwand. Sporen zu 8, schmal elliptisch, um 10,5–10,5/4–5,5 µ.

Unter der überhängenden Ostwand eines großen Blocks auf der Moräne des Khumbugletschers bei Lobuche, ± 5000 m, mit *Acarospora* cf. *schleicheri* (L 325 Typus, L 1413).

Die neue Art ist etwas schwierig in das Flechtensystem einzugliedern. Die starke Verquellung der Fruchtgewebe spricht zusammen mit dem biatorinen Habitus für *Lecidea* subgen. *Biatora*, das gelegentliche Eindringen von Algen in die Frucht für *Lecanora*. Wegen der undeutlich ausgeprägten Randloben ist sie hier zu *Placodium* gestellt, wo sie am besten bei Sect. *Dactylon* ihren Platz findet. Möglicherweise gehört sie in die weitere Verwandtschaft von *Lecanora sulphurea* (HOFFMANN) ACHARIUS, bei der biatorine und lecanorine Arten nebeneinanderstehen. Nun besitzen derartige Überhangbewohner des öfteren eine ähnliche, fast spinnwebige, lockere, im Schnitt regellos

Abb. 1. Lecanora amorpha Typus. Mehrere Apothecien unten rechts, oben rechts *Diploschistes* spec.
Aufnahme: H. KRAUSE

erscheinende Struktur, die nicht primitiv zu sein braucht, sondern durch die standörtliche Spezialisierung bedingt sein kann. Wir verbleiben jedenfalls vorderhand bei dem Notbehelf einer Eingliederung bei Sect. *Dactylon*. Sichere nähere Verwandte wissen wir nicht anzugeben. *Lecanora pachythallina* hat zwar ähnlich unserer Art teilweise mehr lecanorinisch, teilweise mehr biatorinisch aussehende Apothecien, sie weicht aber durch den knorpeligen, rosulaten Thallus sowie die einfachen bis spärlich verzweigten, nicht vernetzten Paraphysen deutlich ab.

5. Lecanora teretiuscula ZAHLBRUCKNER, 1930, in: HANDEL-MAZZETTI: 172; ZAHLBRUCKNER, 1932: 547; POELT, 1958: 458.

Khumbu-Himal: Rauje, 4500 m, mit *Marsupella* cf. *revoluta* und *Marsupella* sp., *Pertusaria* und *Cetraria* sp. (L 514); Rauje, gleicher Bereich, mit *Rhacomitrium* sp. und *Marsupella* sp. (L 1456), beide Aufsammlungen steril. – Höhe westlich Lobuche, 5100 m, mit *Candelariella, Cetraria,*

Andreaea sp., c. ap. (L 312); gleiche Lokalität 5100–5200 m, c. ap., über *Rhacomitrium, Marsupella, Parmeliella lepidiota* usw. (L 328); gleiche Lokalität 5200 m, steril mit *Lecanora* cf. *rhypariza, Alectoria* sp. (L 322).

Die Art scheint sowohl auf verbackener Erde wie über langsam wachsenden, teilweise absterbenden Moosen vorzukommen. Sie ist durchwegs mit acidiphilen Begleitern vergesellschaftet und häufig steril. Es ist anzunehmen, daß sie sich vor allem vegetativ mit Lagerbruchstücken vermehrt.

Nach unseren Unterlagen war *Lecanora teretiuscula* bisher nur vom Originalfundort bei Dschungdien in Yünnan bekannt, wo sie v. HANDEL-MAZZETTI in einer Höhe von 4450 bis 4650 auffand. Die Beschreibungen bei ZAHLBRUCKNER in HANDEL-MAZZETTI loc. cit. und bei POELT können an Hand unseres Materials folgendermaßen ergänzt werden: Lager immer sehr unregelmäßig wachsend. Loben am Rande des Lagers oft niederliegend und etwas abgeflacht, sonst aber unregelmäßig drehrund, schief aufsteigend bis aufrecht, ± knotig gegliedert, schwefel-grüngelblich, über Moosen lockerer, auf Erde dichter wachsend. Oberfläche glatt bis rauh. Basale Teile absterbend.

Apothecien ziemlich selten, gelegentlich zahlreich, meist, aber nicht immer, an den Enden der aufsteigenden Loben sitzend und daher ± lang gestielt erscheinend. Nicht selten sprossen die Loben unter den Apothecien seitlich aus. Apothecien sehr ungleich groß, meist 1–1,5–2 mm breit; Scheiben flach bis unregelmäßig gewölbt, sehr hell ockergelb. Rand häufig zurückgedrängt, glatt bis gekerbt, gelegentlich in einen Margo proprius und einen Margo thallinus gegliedert.

Die ganze Flechte macht eher den Eindruck einer kleinstrauchigen als den einer placodialen Art, doch scheint dies eine abgeleitete Eigenschaft zu sein. Nähere Beziehungen zu den zwergstrauchigen Arten der Sect. *Cladodium* aus Kalifornien, die direkt auf Gestein wachsen, bestehen sicher nicht.

6. Lecanora chondroderma ZAHLBRUCKNER, 1930, in: v. HANDEL-MAZZETTI: 174; ZAHLBRUCKNER, 1932: 543; POELT, 1958: 455. – *Placolecanora sikkimensis* RÄSÄNEN, 1950, Arch. Soc. Vanamo 5: 26.

Khumbu-Himal: Rauje gegen Tanga 4300–4400 m, mit *Lecanora himalayae, Marsupella* sp. (L 515, L 512); Khumzung, gegen das Duth-Kosi-Tal, an Schrägflächen von Gneisfelsen in Spalten, 3800–4000 m (L 300); felsige Hänge südlich Khumzung, 3950–4000 m, POELT in VĚZDA: Lich. sel. exs., 214; – Bibre, an großen Gneisblöcken, 4500–4600 m (L 335); Lobuche, 4900–5000 m (L 313); Lobuche, Moränen des Khumbugletschers, 5000 m (L 315, 320, 321, 329); Höhe westlich über Gorak Shep, 5300–5400 m, auf Gneisboden (L 331). – Ost-Nepal, Topkegola, towards Thuglabhanjyang, 14000–15000' 1953, D. D. AWASTHI 2362 (M). – Indien: Sela to Senge Dzong, 13050', on dry soil slope 1957 Rolla Seshagiri Rao 7751 (AW). – Sikkim: Phaloot, 12000–13500', 1868, SKOLIZKA (M); Changri, 13000', on soil with mosses 1947, 1947 D. D. AWASTHI 353 (HE, AW).

Die bisher nur aus Westchina und Sikkim bekannte *Lecanora chondroderma* scheint mit *L. rubina* die häufigste Art der Gruppe in der alpin-hochalpinen Stufe zu sein. Sie beginnt bereits etwas unterhalb der Waldgrenze und siedelt am liebsten über Erde und Moosen in Spalten von Gneisblöcken, vorzugsweise an geneigten Flächen; sie kommt aber in höheren Regionen nicht selten auch auf windverblasenen Erdrücken vor, vergesellschaftet mit *Kobresia pygmaea, Marsupella* sp., *Grimmia* sp.

Die Loben der Art wachsen zum Teil deutlich rosettig, vor allem in jüngeren Lagern, teilweise aber auch einigermaßen wirr durcheinander. Stehen sie gedrängt, so liegen sie gerne schief dachziegelig übereinander. Auf diese Weise entstehen bis zu 1 cm dicke Lagergebilde, deren Unterseiten und basale abgestorbenen Teile geschwärzt sind. Apothecien sind immer reich entwickelt, die Scheiben sind anfangs rund, im Alter können sie sehr unregelmäßig verzerrt sein. Sie verfärben sich von fleischbräunlich (darüber gelbgrün bereift) bis zu mißfarben schwärzlichbraun und selbst schwarz, doch bleibt der Reif wenigstens verdünnt ziemlich lange erhalten. Bei einer Probe (L 300), die offenbar geschützt wuchs, sind die Scheiben ausnahmsweise durchgehend fahlbräunlich. Das Lager färbt sich an Druckstellen gern schmutzigrosa.

7. Lecanora himalayae POELT nov. spec.

Ex affinitate *Lecanorae maximae* LYNGE. Terricola vel muscicola. – Thallus toniniiformis lobis latis rotundatis non radiantibus, caulescentibus, superne deplanatis, flavidis, pruinosis, subtus atris. Apothecia in planitiem loborum immersa, rotunda vel lobatipartita discis plerumque planis atris, pruinosis, et marginibus crassis demum lobatis. Hymenium tenue. Paraphyses tenues. Sporae octonae, parvae. Pycnosporae bacilliformes, breves.

Lager nicht strahlig, sondern aus ± zahlreichen, lockerstehenden bis dicht gedrängten, deutlich definierten, meist isodiametrischen, gelegentlich verlängerten oder querbreiteren, stets abgerundeten Loben bestehend, ausgedehnt, von unregelmäßigem Umriß. Die Loben sind oben auffällig eckig verflacht bis sogar konkav »eingedrückt«, sie wachsen offenbar hauptsächlich in vertikaler bis schiefer Richtung und sind mit Rhizinensträngen im Substrat verankert. Die Unterseiten und die Stränge sind schmutzigschwarz gefärbt, die Lageroberfläche schwefelgelb bis gelbgrün, dabei fein mehlig. Apothecien in das Niveau der Loben eingesenkt, 1–2,5 mm breit, jung mit deutlichem dickem, aber glattem Rand, der bald anfängt, sich lobig aufzuteilen, bis seine Lappen von den Lagerloben nicht mehr unterscheidbar sind. Scheiben etwas vertieft stehend, meist flach, manchmal später auch ± gewölbt, bald schmutzigschwarz und zumindest anfangs fein gelblich bereift. Der Thallus nimmt an Druckstellen gern eine schmutzigrosige Färbung an (wie der der verwandten *L. maxima*).

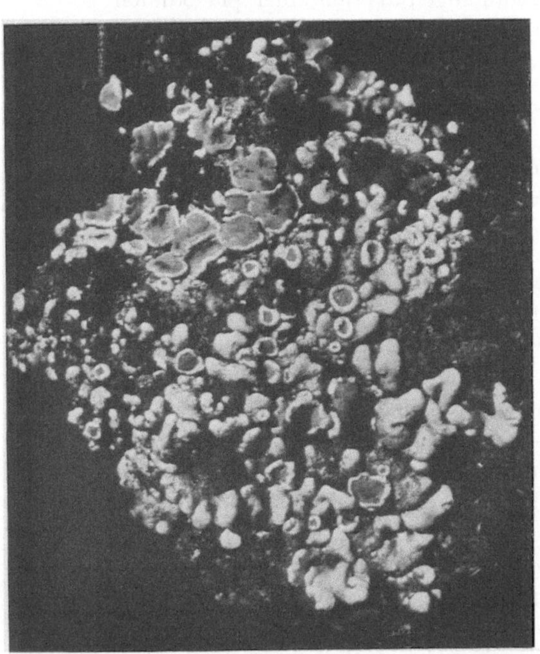

Abb. 2. Lecanora chondroderma,
etwa 2 × natürliche Größe
Aufnahme: H. KRAUSE

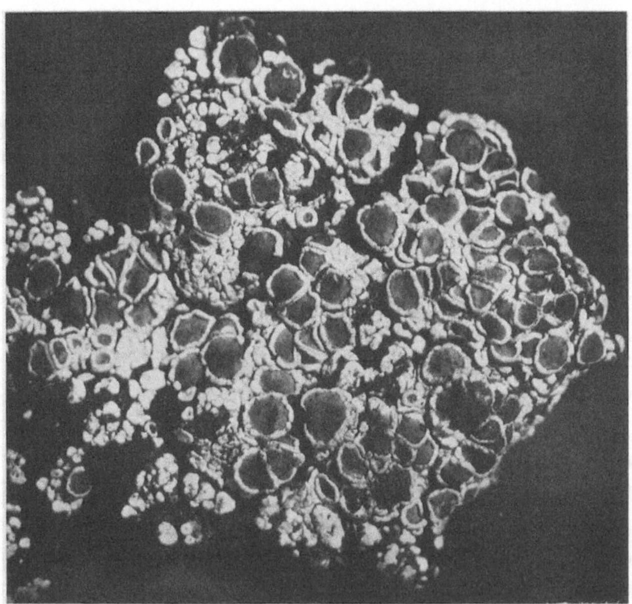

Abb. 3. Lecanora himalayae, Typus,
etwa 2 × natürliche Größe
Aufnahme: H. KRAUSE

Rinde 25–50 μ, von feineren gelblichgrauen Körnern durchsetzt. Algenschicht um 60–90 μ hoch, durchlaufend. Die Algen sind nicht in deutlichen Gruppen verteilt, sondern einzeln in das Zellnetz eingelagert. Mark locker, die Hyphen um 3–5 μ dick, mit deutlicher Außenbegrenzung und undeutlichen Lumina. Mark durchsetzt von Wolken kleiner, um 1–2 μ dicker, gelblichgrauer Körnchen und daneben mit zerstreuten groben Körnern ganz ähnlicher Farbe. Die Rindeninspersion läßt sich wie üblich mit KOH lösen (Usninsäure!), die Markkristalle mit Säuren. Die Rinde erweist sich schließlich als ein undeutlich pseudoparenchymatisches Gewebe aus 3–4 μ breiten Zellen. An Rindenteilen,

194

die braun gefärbt sind, werden die Hyphen dicker, bis über 4 μ, mit deutlicher Wand. Die Stränge sind aus sehr stark verleimten, ± parallellaufenden Hyphen aufgebaut, die sich optisch schwer trennen lassen. Unterrinde 35–50 μ, sehr stark verleimt, ohne Algen, nach außen zu stark gebräunt, nur die netzig verbundenen haarfeinen Lumina erkennbar, die letzten Hyphenenden allerdings wieder dünnwandig mit deutlichen Wänden, ungleich endigend, manche stehen als deutliche Papillen aus der Rindenoberfläche heraus. Die Oberrinde zeigt gelegentlich eingeschlossene Algenhüllen.

Apothecienrinde um 50 μ dick, oben dünner, wie die Lagerrinde aufgebaut, gegen die Unterseite zu stark gebräunt. Excipulum oben seitlich nicht deutlich definiert, nach unten zu sich rasch verbreiternd, deutlich gelblich, aus sehr stark verleimten, vernetzten Hyphen aufgebaut, von klein- und grobkörnigen Ablagerungen durchsetzt, im Zentrum konisch verlängert. Hymenium 40–50 μ hoch, in älteren Apothecien oft rosa gefärbt. Paraphysen stark verquollen, nicht selten verzweigt, ohne die verquollene Außenwand 1,3–1,7 μ dick, gegliedert, oben gleich dick oder bis 3–4 μ keulig verdickt, oft gebräunt. Sporen zu 8, oft schlecht entwickelt, kurz elliptisch, 8–10/5–6,5 μ. Pyknosporen kurz stäbchenförmig, von der stark excentrischen Mitte an beidseitig etwas verschmälert, 8–10/5–6,5 μ.

Lager K + gelb, C–, PD–. Mark J –. Asci J + blau, besonders die apikalen Teile.

Rauje, gegen 4500 m, Steilflächen von Gneisfelsen, in Spalten auf Erde, Typus (L 516). – Weiter: Felsige Hänge südlich Khumzung, 3900–4000 m, auf Erde über Gneis, mit *Rhacomitrium* sp. (L 302, 305, 306).

Die neue Art ist der westarktischen *L. maxima* LYNGE, 1937 : 126, zweifellos nächst verwandt und zum Verwechseln ähnlich. Habituell sind beide Arten kaum zu trennen; mag sein, daß *L. himalayae* etwas kleinere Dimensionen hat und in der Färbung stärker zu gelbgrün neigt. Aber selbst dies wäre an einem größeren Material zu prüfen. Dagegen hat sich eine ganze Reihe unterschiedlicher mikroskopischer Merkmale ergeben, welche es verbieten, eine subspezifische Einheit für die Form des Himalaya zu schaffen. Hymeniumhöhe, Sporen- und Pyknosporengröße weisen durchwegs etwa halb so große Werte auf, was vor allem bei den letzteren verwundert, sind die Pyknosporen doch sonst bei *Placodium* weitgehend einheitlich fädig und gebogen. Die entsprechenden Werte für *L. maxima*: Hymenium gegen 100 μ, Sporen 11–19/6–8 μ, Pyknosporen 11–14 (nach LYNGE bis 17)/1 μ, gerade bis gebogen. Möglicherweise kann auch die Paraphysendicke mit 1,3–1,7 gegen 2–2,5 μ als unterscheidendes Merkmal betrachtet werden. Die Entdeckung ist auch aus pflanzengeographischer Sicht bemerkenswert; sie belegt die in der Section *Dactylon* bereits nachgewiesene Disjunktion zwischen den südostasiatischen Gebirgen und der Westarktis (kurz angedeutet bei POELT 1, S. 458) einmal mehr.

8. Lecanora valesiaca (MÜLLER ARG.) STIZENBERGER, 1882, Ber. Täth. St. Gall. Naturw. Ges. 1880/81; ZAHLBRUCKNER, 1928 : 664; POELT, 1958 : 468 var. *valesiaca*: POELT, loc. cit.

NW-Himalaya: Kangra distr., Manali, Ostseite des Flusses, 1952, O. A. HÖEG, mit *Lecanora muralis* (AW 1508).

Neunachweis der typischen Varietät für Asien! Das Vorkommen paßt gut in die ökologischgeographische Konzeption der Art, die Gneise, Schiefer, Porphyre usw. in trockenheißer Lage bewohnt und offenbar auf Gebiete mit submediterranem und mediterranem Klima beschränkt ist. Unserem derzeitigen, sehr mangelhaften Wissen nach ist sie verbreitet in einigen inneralpinen Tälern (Wallis, Vintschgau, Umgebung von Bozen), weiter an der Riviera. In anderen Teilen des Mediterrangebietes dürfte sie übersehen sein. In Nordamerika ist sie z. B. aus Iowa bekannt. – Die HÖEGsche Aufsammlung entspricht dem europäischen Material sehr gut.

9. Lecanora tschomolongmae* POELT nov. spec.

Gneissicola, Himalaya. – Thallus rosulatus, parvus, lobis marginalibus distinctis, maioribus, longioribus ad latioribus, modice convexis, flavidis vel flavoviridibus, farinosis. Areolae centrales

---

* Benannt nach dem Sherpa-Namen Tschomolongma (= Göttin-Mutter des Landes) für den Mount Everest-Stock, zu dessen Füßen die Flechte gesammelt wurde.

minores, valde convexae. Apothecia sessilia marginibus primum subcrassis, vix crenatis, et discis flavidis ad caeruleiatris, pruinosis. Cortex plerumque algis mortuis impletus. Sporae octonae, ellipticae, minores.

Lager undeutlich rosettig, Einzellager um 0,5–1 cm breit, oft zusammenfließend. Randloben um 1,5–2 mm lang, verlängert, isodiametrisch oder sogar querbreiter, dann aber deutlich gekerbt, stets größer als die Areolen des Lagerinneren, flach bis bald mäßig aber konstant konvex, gelblichweiß bis hell gelbgrünlich, fein mehlig bereift. Innere Areolen sehr klein, 0,3–0,5–1 mm, unregelmäßig hochgewölbt. Apothecien aufsitzend, bis 1–1,5 mm breit, mit mäßig dickem, glattem bis sehr schwach gekerbtem, doch oft der Scheibe entsprechend unregelmäßig verbogenem Rand, der zumindest anfangs deutlich vorsteht. Scheibe flach bis später unregelmäßig gewölbt, schmutzig braun bis blauschwärzlich, dabei locker hell bereift. Rinde ± 20 µ dick, grob gelbgrau inspers, von toten Algenhüllen durchsetzt, also unecht, doch gelegentlich mit Ansätzen zur Bildung eines echten Rindengewebes. Manchmal finden sich kappenförmig grün gefärbte, um 5–6 µ dicke Rindenhyphenenden. Mark locker, mit großen farblosen Körnern durchsetzt, die Hyphen mit deutlichen Außenbegrenzungen und undeutlichen Lumina. Apothecienrinde unten 40–50 µ hoch. Mark ziemlich dicht, die dicht liegenden Algen bis an die Kanten vordringend. Excipulum undeutlich abgesetzt, die Hyphen stark verleimt. Hypothecium verleimt, undeutlich körnig Hymenium ± 60 µ hoch, mit aufgelagertem Epithecium, stark verleimt. Paraphysen in KOH frei, meist unverzweigt, selten mit kurzen Ästen, 1,5–2 µ dick, undeutlich bzw. am Ende deutlich gegliedert, die Endköpfchen vielfach mit grüner Kappe und dann bis 4 µ dick, wenn farblos nur bis 2,5 µ. Gelegentlich finden sich aber auch Paraphysen, die bis weit gegen den Grund zu moniliform gegliedert sind. Sporen zu 8, elliptisch, 8–9/3,5–4,5 µ. Pyknosporen um 0,7 µ dick, um 15–20 µ lang, ± gebogen.

Lager K–, C–, KC + gelblich, im oberen Teil PD + gelb. Mark J–, Asci und Hymenialgallerte sowie einzelne Hyphen im Hypothecium J + blau.

Lobuche, 4950–5000 m, auf einem Gneisblock, mit *Candelariella* sp., *Acarospora* sp., *Grimmia* sp. (L317), Typus. – Weiter: Zwischen Pangpoche und Pheriche, mit *Acarospora* sp., *Aspicilia* sp. (L307).

Die neue, nicht sehr auffällige Art gehört zu den primitiveren Species der Sect. *Petrasterion* mit Pseudocortex. Sie scheint eine seltenere, wohl auch leicht übersehbare, weil recht kleine Art der alpinen Stufe zu sein.

Abb. 4. Lecanora tschomolongmae, Typus, etwa 2 × natürliche Größe

Aufnahme: K. KRAUSE

10. Lecanora hellmichiana* POELT nov. spec.

Gneissicola, Himalaya. – Thalli parvi indistincte rosulati lobis marginalibus internis maioribus sed ± isodiametricis, dilute flavoviridibus, planis ad concavis, crenatis. Areolae centrales minores,

* Nach Prof. Dr. W. HELLMICH, dem Leiter des Forschungsunternehmens Nepal Himalaya, dem der Verfasser Teilnahme und vielfache Hilfe verdankt.

planae. Apothecia adpressa, rotunda ad irregularia marginibus modice crassis vix crenatis et discis lividi-ochraceis, tenuissime pruinatis. Cortex verus. Medulla PD + aurantiaca. Sporae octonae, parvae.

Lager undeutlich rosettig, klein, doch oft zu größeren Gruppen zusammenfließend, oft auch nur aus wenigen Areolen bestehend. Primär- und Randareolen deutlich vergrößert, um 1–1,5 mm groß, rundlich bis eckig isodiametrisch, besonders nach außen zu fein gekerbt, flach bis meist konkav mit schwach aufgebogenen Rändern, dicht anliegend aber deutlich abgesetzt, gelbgrün mit glatter bis sehr undeutlich mehliger Oberfläche, bei mäßiger Vergrößerung völlig glatt erscheinend. Zentrale Areolen wesentlich kleiner. Apothecien dicht angedrückt aufsitzend, doch weit eingeschnürt, zerstreut oder in Gruppen, rund bis bald im Umriß unregelmäßig wellig, um 0,5–1–1,5 mm breit, mit glatten bis unregelmäßig gekerbten, mäßig dicken, etwas vorstehenden Rändern und flachen bis leicht gewölbten, hell ockerbraunen, sehr fein bereiften Scheiben.

Lagerschuppen am Rande ± 120 μ dick, in der Mitte mit einem ± in das Gestein versenkten »Fuß« um 250 μ. Rinde 15–20 μ, durchwegs mit gelbgrauen Körnern durchsetzt. Algenschicht 30–50 μ hoch, durchlaufend, oben dicht, nach unten aufgelockert. Mark locker. Markhyphen mit deutlicher Außenbegrenzung und undeutlichen Lumina, locker mit farblosen Kristallen durchsetzt. Die Rinde enthält keine toten Algenhüllen und biegt sich am Rande etwas nach unten um. Apothecienrinde oben schmal, unten um 30–50 μ dick, stark inspers. Algen im Rand sehr stark entwickelt, gegen die

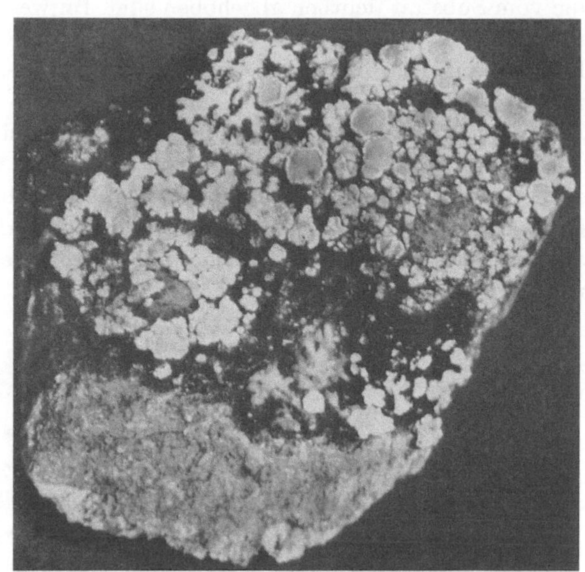

Abb. 5. *Lecanora hellmichiana*, Typus,
etwa 4 × natürliche Größe
Aufnahme: H. KRAUSE

Basis zu in zerstreuten Gruppen. Excipulum seitlich gut abgesetzt, schmal, aus sehr stark verleimten, parallel laufenden Hyphen bestehend, in der Mitte zapfenförmig nach unten verlängert. Hypothecium undeutlich abgegrenzt. Hymenium ± 50 μ hoch, mit einer körnigen Auflagerung, die sich in KOH leicht löst. Paraphysen meist einfach, selten verzweigt, im unteren Teil in KOH 2 μ dick, die Köpfe 3,5 μ. Asci 8-sporig. Sporen 6,5–8,5/3,5–4,5 μ.

Lager K–, C–, im Mark PD + rotorange, J–. Asci + Hymenialgallerte J + blau.

Gneisblöcke im lichten *Pinus longifolia*-Wald bei Dschiddarré in der warm gemäßigten Stufe, mit *Stigonema* sp., *Caloplaca* sp. – Verfasser glaubt, die Art mehrfach in der entsprechenden Höhenlage gesehen zu haben, so bereits auf den Höhen östlich Panepa.

Lecanora hellmichiana läßt sich derzeit nirgends näher anschließen. Der Definition nach ist sie zur Sect. *Petrasterion* zu stellen, wegen der echten Rinde zu deren Subsect. *Concolores*, mit deren Arten sie aber sicher nicht verwandt ist. Möglicherweise ist sie als höher entwickeltes Glied in die Gruppe der von MAGNUSSON (1 u. 2) aus Innerasien beschriebenen Arten wie *L. pachyphylla*, *L. subminuta* zu stellen, denen ähnlich kleine Sporen eigen sind.

11. **Lecanora phaedrophthalma** POELT, 1958: 483.

Zentral-Nepal: Manangbhot, oberes Marsyandi-Tal, Felsen nördlich Banphag, etwa 4100 m, 1955, LOBBICHLER, Typus (M).

Die Art wurde von ihrem Finder später ein zweites Mal gesammelt, und zwar im Karakorum (POELT, 1961: 89); weitere Funde sind bisher nicht bekannt geworden.

12. Lecanora sherparum* Poelt nov. spec.

Gneissicola, valde nitrophila, Himalaya. – Thallus late expansus lobis marginalibus solum pro parte distinctis, si evolutis elongatis et partitis. Thallus pro maxime parte ex areolis areoliformiter glomeratis ± isodiametricis vel irregulariter incisilobatis, stramineis subnitidis, basi constrictis vel quasi pedunculatis constitutus. Apothecia dispersa vel conglomerata discis ochraceiflavidis. Thallus pseudocortice circumdatus, qui ope PD distincte lutescit.

Lager ziemlich ausgedehnt (größtes gesammeltes Stück 9 cm breit), am Rande gelegentlich mit wenig auffallenden, aber deutlich verlängerten, bis 2–3 mm langen, ± geteilten Randloben besetzt, die vom Substrat deutlich abgehoben sind. Im wesentlichen besteht der Thallus aus zahlreichen, rundlichen bis eckigen, oft unregelmäßig verbogenen bis verzweigten flachen bis mäßig gewölbten bis hochkonvexen Areolen 2. Ordnung, die gruppenweise dicht gedrängt in Areolen 1. Ordnung zusammenstehen; diese letzten sind um 2–3–5 mm breit. Unterseits sind die Areolen strangartig verlängert, die Stränge der Teilareolen vereinigen sich gegen den Grund zu innerhalb der Areolen 1. Ordnung, welche leicht vom Substrat abbrechen. Oberfläche kräftig gelbgrün, glatt, etwas glänzend, unbereift. Unterseiten schmutzigbräunlich bis blauschwarz. Apothecien zerstreut oder in Gruppen gedrängt, anfangs rund, später unregelmäßig verzerrt, mit glatten bis gekerbten, später auch niedergedrückten oder wuchernden lagerfarbenen Rändern und flachen bis später unregelmäßig verzerrten ockergelben Scheiben.

Abb. 6. Lecanora sherparum, Typus, etwa 2 × natürliche Größe
Aufnahme: H. Krause

Rinde durchlaufend, sehr ungleich dick, 25–60–70 μ, davon bis zu 50 μ mit hellbräunlichen Körnern durchsetzt, mit toten Algenhüllen, also einen Pseudocortex darstellend. Algenschicht um 60–80 μ hoch, dicht und meist durchlaufend mit Algen erfüllt, aus überwiegend senkrechten Hyphen aufgebaut. Mark mäßig locker, ohne Grenze in das ebenfalls aus meist senkrecht laufenden Hyphen bestehende Stielgewebe übergehend. Hyphen jung um 2,5 μ dick, später zu 4–7 μ verquellend. Im Mark finden sich lockere, körnige Ablagerungen. An den blauschwarzen Stellen der Unterseite sind die Hyphen, wie bei Usninsäure-haltigen Flechten üblich, außen tiefgrün gefärbt. Apothecienrinde wie die Lagerrinde aufgebaut, um 30–40 μ dick. Algenschicht mit dicht gedrängten Algen. Excipulum stark verleimt, nur die dünnen Lumina deutlich sichtbar, am Grunde sehr dick, mit dem Hypothecium zusammenfließend und dann bis weit über 100 μ dick. Hymenium um

* Benannt nach dem Volksstamm der Sherpa, deren treuer Hilfe Bergsteiger und Forscher im Himalaya viel zum Gelingen ihrer Unternehmungen verdanken.

70 μ hoch, die oberen 15–20 μ inspers. Paraphysen verleimt, in KOH frei, einfach bis oft verzweigt. Enden um 3 μ dick, oft mit kurzen Zweigansätzen. Sporen zu 8, 9,5–11,5/3,3–6,5 μ.

Rinde K–, C–, KC + hellgelb, PD + tiefgelb, Mark K–, C–, PD– bzw. im oberen Teil gelb, J–. Vogelblock bei Tanga, um 4000 m, mit *Lecanora rubina*, Typus (L 513). – Südlich Khumzung, mit *Lasallia pertusa*, gegen 4000 m, (L 303, 1439). – Dingpoche, 4340 m (L 338).

Lecanora sherparum stellt einen systematisch recht bemerkenswerten Typus dar. Äußerlich möchte man die Art für eine nahe Verwandte von *L. muralis* halten, und Verfasser hielt sie ursprünglich für deren var. *dubyi*. Der von Sect. *Placodium* völlig abweichende Rindenaufbau läßt aber einen Anschluß an anderer Stelle suchen. Die einzige näher verwandte Art ist unseres Erachtens die sibirische *L. crustacea* (SAVICZ) ZAHLBRUCKNER (siehe POELT, 1958: 484), von der sie unter anderem durch ihre Größe und die merkwürdige intensive PD-Reaktion der Rinde geschieden ist. Möglicherweise wird man beide Arten einmal zu einer besonderen Gruppe vereinigen. – *Lecanora sherparum* scheint stark nitrophil zu sein.

13. Lecanora muralis (SCHREBER) RABENHORST, 1845, Deutschl. Kryptog. flora *2*, 42; POELT, 1958: 496.

Var. *muralis;* POELT loc. cit.

Khumbu: Dingpoche, windverfegte Steine am Tschorten bei 4340 m, ein einziger, ziemlich stark erodierter Thallus mit *Lecanora polytropa* (L 337). – Westlicher Himalaya: mehrfach in den Distrikten Almora und Kangra sowie in Tehri Garhwal und Chakrati von D. D. AWASTHI und O. A. HÖEG gesammelt.

Var. *dubyi* (MÜLLER ARG.) POELT, 1958: 499.

Lobuche, auf einem niedrigen Stein nahe der Alphütte, 4930 m (L 319). – Westlicher Himalaya: In den Distrikten Almora und Kangra mehrfach von D. D. AWASTHI und O.A. HÖEG aufgenommen.

Der Formenkreis von *Lecanora muralis* ist nach wie vor unzureichend geklärt (vgl. POELT, 1958: 512). Da eine Klärung aber vom Zentrum der größten Mannigfaltigkeit ausgehen müßte, das im östlichen Mittelmeergebiet und Vorderasien zu liegen scheint, muß auch hier auf den Versuch einer Analyse verzichtet werden. Angefügt sei nur, daß das Exemplar von Lobuche zwar durch die deutlich vom Substrat abgesetzte Wachstumsweise mit der aus den Alpen beschriebenen Varietät übereinstimmt, mit den nur 0,5–0,8 mm breiten Loben (gegen 0,8–1–1,5 mm bei alpinen Exemplaren) aber abweicht. Im Kangra-Distrikt sammelte O. A. HÖEG auch Pflanzen, die mit *Lecanora riparia* Steiner (vgl. POELT, 1958: 502) einigermaßen übereinstimmen: sie sind möglicherweise der var. *dubyi* als Modifikanten unterzuordnen, nicht unmöglich ist es aber, daß es sich um eine gute Sippe handelt. Verfasser gewann im Khumbu-Gebiet den Eindruck, als käme die Art ausschließlich apophytisch vor; die beiden Exemplare wurden an menschlichen Siedlungen festgestellt.

14. Lecanora garovaglii (KOERBER) ZAHLBRUCKNER, 1900, Ann. Naturhist. Mus. Wien *15*: 208; ZAHLBRUCKNER, 1928: 623; POELT, 1958: 511.

Khumbu: Auf einem großen Gneisblock bei Bibre, 4500–4600 m, mit *Lecanora rubina*, *Physcia* sp. und *Candelariella* sp. (L 336).

Zentral-Nepal: Manangbhot, oberes Marsyandi-Tal, Felsen N Banphag, F. LOBBICHLER (M).

NW-Himalaya: Pangi, STOLICZKA (M); Kangra distr., Chandra valley, Puti Runi, 11 500', 1952, O. A. HÖEG (AW 1734, M); Kangra distr., Taktsi valley, lower most part near Spiti river, 12 000', 1952, O. A. HÖEG (AW 1672, auch M, eine bereifte Form, AW 1681 unbereift).

Die mäßig nitrophile, etwa submediterran verbreitete Art stößt weit in die innerasiatischen Trockengebiete vor. In M liegt ein fragmentarisches und deshalb nicht ganz sicheres Stück aus Tibet: »About 18 000' above the Gyrgar lake in Rupschu, STOLICZKA«, darauf von anderer Hand notiert: »Die einzige Flechte in Tibet von STOLICZKA beobachtet.« Die Tendenz, eine leichte graue Bereifung zu entwickeln, wird besonders bei Exemplaren aus ausgesprochenen Trockengebieten deutlich. Das Material von Bibre ist nur an den Lobenenden schwachgrau bereift; im übrigen stimmt es gut mit europäischen Proben überein.

15. Lecanora peltata (RAMOND) STEUDEL, Nomencl. bot. 237 (1824); ZAHLBRUCKNER, 1958: 664; POELT, 1958: 516.

NW-Himalaya: Kangra distr., Chhotai Sigri, 12000', 1952, O. A. HÖEG (AW, M).

Die disjunkt verbreitete Art wurde charakteristischeı weise nur im trockenen Westhimalaya gefunden. Sie ist in Inner- und Vorderasien (Karakorum, Turkestan, Usbekistan, Iran) weit verbreitet und dringt von hier bis zum Atlas, in die Sierra Nevada und die Westalpen ein, scheint aber systematisch nicht ganz einheitlich zu sein. Die zitierte Probe ist stark bräunlich gefärbt und reagiert im Mark K– und PD–, während Aufsammlungen aus dem Karakorum mehr gelbgrün sind und im Mark durch PD tiefgelb gefärbt werden.

16. Lecanora melanophthalma (RAMOND) RAMOND, 1823, Mém. Acad. R. Sci. Inst. France *6*: 161; POELT, 1958: 519.

Var. *obscura* (J. STEINER) POELT, 1958: 520.

Lec. heteromorpha var. *obscura* STEINER Ö. b. Z., 1899, *49*: 249. – *Lec. peltata* var. »*obscurata*« (STEINER) ZAHLBRUCKNER, 1928: 645.

NW-Himalaya: Kangra distr., MUTH, 14000', 1952, O. A. HÖEG (AW); Kangra distr., Taktsi valley, near Spiti river 12500', 1952, O. A. HÖEG (AW, M).

Die Verbreitung von *Lecanora melanophthalma* wurde von LYNGE skizziert. Im Norden des großen Areals, vor allem in der Arktis, kommt nur die dünnlagerige, weniger starre var. *melanophthalma* vor, deren Mark mit PD nicht reagiert. Im Süden wird die typische Varietät von der vorliegenden, meist viel dickeren und starreren Sippe ± vollständig ersetzt, deren Mark mit PD gewöhnlich tiefgelb gefärbt wird (wohl Psoromsäure!). Gelegentlich kommen allerdings auch nichtreagierende Formen vor, die man wegen der Thallusdicke und wegen des stärker mit Ablagerungen ausgefüllten Marks zu var. *obscura* stellen sollte. Die Varietät zeigt in ihrer Gesamtverbreitung bemerkenswerte Parallelen zu *Lecanora peltata* und der nachfolgend beschriebenen L. rubina var. *australis*. Nächste Fundorte liegen im Karakorum (POELT, 1961: 89).

17. Lecanora rubina (VILLARS) ACHARIUS, 1810, Lichenographia univ.: 412; ZAHLBRUCKNER, 1928: 656; POELT, 1958: 521.

Var. *rubina*.

Khumbu: Tanga, ± 4000 m, als Beimischung zum Typus von *L. sherparum* (L 513); zwischen Pangpoche und Lobuche (L 308); bei Bibre, 4500–4600 m (L 333, 334); oberhalb Duglha, 4700 m (L 309); Lobuche, 4950–5000 m (L 310, 323, 318); nördlich Lobuche, 5000 m (L 324, 327); Gorak Shep, 5150 m (L 338).

Zentral-Nepal: Manangbhot, oberes Marsyandi-Tal, Felsen nördlich Banphag, etwa 4100 m, 1955, F. LOBBICHLER (M).

Kumaon: Almora distr., Milam, 12500', 1950, D. D. AWASTHI (AW 823), mit var. *australis*.

NW-Himalaya: Kangra dist. Chandra valley, Puti Runi, 11500', 1952, O. A. HÖEG (AW 1538, 1708 a).

Die Sippe hat im Himalaya die nämlichen Standortsbedingungen wie in den Alpen, Zenit- bis Neigungsflächen von Vogelblöcken, hier etwa vergesellschaftet mit *Rinodina oreina*, *Lasallia pertusa*. Ihre Gesamtverbreitung wurde von LYNGE, S. 148, kartiert.

Ähnlich wie z. B. in den Alpen tritt die Art auch im Himalaya in äußerlich sehr verschiedenartigen, aber durch gleitende Übergänge verbundenen Formen auf. Neben gut entwickelten schildförmigen Thalli gibt es sehr gedrängte, bullate Formen, bei denen jede Schuppe einen eigenen Nabel trägt, der aber wegen der Schmalheit der Schuppe weniger als Nabel denn als Stiel erscheint. Solche Typen können durch gedrängtes Aufwachsen zahlreicher Einzelthalli entstehen, manche Aufsammlungen (wie L 308, 318, 323, 330) machen aber den Eindruck, als sei die Polyphyllie mindestens teilweise durch starke bis in die Näbel durchgreifende Zerteilung von Lagern zu erklären.

Var. **australis*** POELT nov. var.

differt a varietate typica praesertim reactione medullae: PD distincte lutescens. Thalli plerumque distincte peltati, comparate crassi. Karakorum, Hunza- und Nagargebiet, Kutto Darukusch, 3300 m, 1959, F. LOBBICHLER, Typus (M).

Kumaon: Almora distr., Milam, 12500', 1950, D. D. AWASTHI (AW 832) mit var. *rubina*.

NW-Himalaya: Kangra distr., Chandra valley, Puti Runi, 11500', 1952, O. A. HÖEG (AW 1709).

Weitere Aufsammlungen: Karakorum, wie oben, Camp Gapa', 3600 m, 1959, H. J. SCHNEIDER; desgl. Toltar Hochkar, 4250 m (Schneegrenze), auf einem Gneisblock, 1954, H. J. SCHNEIDER. – Californien: San Diego, 1891, J. W. ECKFELD (LD).

Die var. *australis* steht zur typischen Varietät in einem ähnlichen Verhältnis wie var. *obscura* zur typischen Varietät von *Lecanora melanophthalma*. Die hier als wesentliches Kriterium genommene Reaktion tritt immer kräftig ein. Übergänge mit schwächerer Reaktion wurden uns nicht bekannt. Im allgemeinen sind die Lager ebenfalls dicker, starrer und regelmäßiger peltat als bei var. *rubina*. In manchen Aufsammlungen finden sich beide Taxa gemischt, habituell kaum zu unterscheiden.

Diskussion der Ergebnisse

Es scheint kennzeichnend für die bisherige geringe Erforschung besonders der höheren Lagen des Himalaya zu sein, daß die Bearbeitung, die sich auf Material vergleichsweise sehr kleiner Ausschnitte aus dem ausgedehnten und klimatisch sehr abwechslungsreichen Gebirgssystem des Himalaya stützt, zu 13 schon bekannten Sippen 6 neue erbrachte. Es ist anzunehmen, daß die damit tatsächlich vorhandenen Arten bei weitem noch nicht erfaßt sind. Vor allem dürften in den etwas trockeneren Gebieten der zentralen und westlichen Teile sowie vor allem in den bisher nicht berücksichtigten Kalkzügen noch neue Arten zu erwarten sein. (Eine offensichtlich neue Species wurde von AWASTHI bei Deohari gesammelt. Die unvollständige Entwicklung verbietet vorderhand eine Beschreibung.)

Schon der Versuch einer ersten monographischen Bearbeitung der Gruppe durch den Verfasser datte eine Häufung ursprünglicher Sippen für die zentral- bis südasiatischen Hochgebirge ergeben, hie demnach als eine Art Bildungszentrum zu betrachten wären. Die neuen Funde unterstreichen dies nachdrücklich. *Lecanora tschomolongmae* ist eine primitive Art der selbst ursprünglichen dection *Petrasterion*, während *L. hellmichiana* und noch mehr *L. sherparum* Sonderentwicklungen Sarstellen. Sie verbinden mit ursprünglichen abgeleitete Merkmale. *Lecanora amorpha* steht vorderhand noch etwas unsicher bei der Sect. *Dactylon* und sollte vorsichtshalber nicht in diesem Sinne gewertet werden. Von besonderer Bedeutung scheint *L. himalayae* zu sein, die unzweifelhaft mit der westarktischen *L. maxima* verwandt ist. Sie weicht von dieser ihrer Schwesterart bei habitueller Übereinstimmung mikroskopisch durch Merkmale ab, die die bisherige Grenze des Subgenus *Placodium* zu sprengen scheinen; kurze stäbchenförmige, gerade Pyknosporen sind uns anderweitig kaum bekannt. Die var. *australis* von *L. rubina* schließlich bildet einen Parallelfall zu *L. melanophthalma* var. *obscura* und ähnlich gelagerten Sippen bei höheren Flechten: sie ist eine südliche, mit PD stark reagierende, also reichlich mit einem Flechtenstoff, wohl Psoromsäure, ausgestattete Parallelform zu der nördlichen, typischen, nicht reagierenden Sippe. Das Problem gehörte an einem breiteren Material gesondert untersucht.

Ungeklärt bleibt der Formenkreis von *Lecanora muralis* sens. ampl., der vor allem im trockenen Westen des Himalaya und der angrenzenden Gebirge studiert werden müßte.

Einige allgemeine Züge lassen sich schließlich aus den pflanzengeographischen Verhältnissen ableiten. Ein mediterran-submediterranes Element trockener Silikatgebirge reicht vom südlichen Mitteleuropa bis in den Westhimalaya *(L. alphoplaca, L. praeradiosa)*, seltener und in Ausläufern *(L. demissa, L. garovaglii)* bis in den Osthimalaya. Zu einem weit, aber disjunkt verbreiteten

---

* Lat. *australis* = südlich, wegen des Vorkommens ausschließlich im südlichen Teil des Areals der Art.

Oreophytenelement zählen die hochnitrophilen Arten der Sect. *Omphalodina*, die einem blind endigenden, hochentwickelten Entwicklungsast zugehören. Erstaunliche Tatsachen, die bereits bei POELT, 1958: 458, kurz angedeutet wurden, ergeben sich in der Sect. *Dactylon*. Hier bestehen mehrfach Disjunktionen zwischen den südasiatischen Hochgebirgen und der Westarktis, die durch die neue *L. himalayae* nachdrücklich betont werden. Man wird hier nicht umhin können, von einem sehr alten Arealtypus zu sprechen, der wahrscheinlich durch das diluviale Geschehen in zwei sehr entfernte Reste aufgespalten worden ist. Die Bedeutung des Himalaya und der westchinesichen Gebirge als Zentrum primitiver Sippen wurde oben bereits angedeutet. Sie sollte der Anlaß einer eingehenderen Erforschung in politisch günstigeren Zeiten sein.

Literatur

LYNGE, B., 1937: Lichens from West Greenland collected chiefly by Th. M. Fries. – Meddelelser om Grönland *118*:8.

MAGNUSSON, A. H., 1940: Lichens from Central Asia.-Rep. Sc. Res. Exped. China Sven Hedin, Publ. 13.
MAGNUSSON, A. H., 1944: Lichens from Central Asia. – Ebenda Publ. 22.

POELT, J., 1958: Die lobaten Arten der Flechtengattung Lecanora Ach. sens. ampl. in der Holarktis. – Mitt. bot. München *20*: 411 – 573.
POELT, J., 1961: Flechten aus dem NW-Karakorum. – Mitt. bot. München *4*: 83 – 94.
POELT, J., 1964: Mitteleuropäische Flechten VIII. – Mitt. bot. München *5*.

ZAHLBRUCKNER, A., 1928: Catalogus lichenum universalis *5*.
ZAHLBRUCKNER, A., 1930: Lichenes, in H. HANDEL-MAZZETTI, Symbolae Sinicae Teil III.
ZAHLBRUCKNER, A., 1932: Catalogus lichenum universalis *8*.

Anschrift des Verfassers:

PROF. DR. J. POELT, INSTITUT FÜR SYSTEMATISCHE BOTANIK UND PFLANZENGEOGRAPHIE, 1 BERLIN 33, KÖNIGIN-LUISE-STRASSE 6–8

FREIE UND BEDECKTE ABLATION

(Aus dem Meteorologischen Institut der Universität München, Leitung: Professor Dr. F. Möller)

Von

Helmut Kraus, München

Mit 24 Textabbildungen und 10 Ablationsdiagrammen im Anhang

INHALT

Liste der verwendeten Zeichen und Einheiten
Zusammenfassung
Summary
Einleitung

1. Gleichungen zur Berechnung der Ablation
   A. Die Energiehaushaltsgleichung
   B. Die freie Ablation
   C. Die bedeckte Ablation

2. Die Ablationsdiagramme
   A. Die Berechnung der Diagramme
   B. Die Erläuterung der Diagramme

3. Die Gletscher und die glazialen Kleinablationsformen im Gebiet des Mount Everest
Literatur
Anhang (10 Ablationsdiagramme)

LISTE DER VERWENDETEN ZEICHEN UND EINHEITEN

Q	Strahlungsbilanz der Oberfläche	mcal cm^{-2} min^{-1}
L	Strom fühlbarer Wärme aus der Luft zur Oberfläche	mcal cm^{-2} min^{-1}
V	Strom latenter Wärme des Wasserdampfes aus der Luft zur Oberfläche	mcal cm^{-2} min^{-1}
B	Änderung der fühlbaren Wärme unter der Oberfläche pro Zeit- und Flächeneinheit	mcal cm^{-2} min^{-1}
S	Beim Gefrieren von Wasser frei werdende (S positiv) oder beim Schmelzen von Eis verbrauchte (S negativ) Wärme pro Zeit- und Flächeneinheit	mcal cm^{-2} min^{-1}
G	Globalstrahlung	mcal cm^{-2} min^{-1}
A	Langwellige atmosphärische Gegenstrahlung	mcal cm^{-2} min^{-1}
a	Albedo der Oberfläche, das ist ihr Reflexionsvermögen für kurzwellige Strahlung	—
a_B	Albedo der Oberfläche des bedeckenden Materials	—
a_E	Albedo der Eisoberfläche	—
c	Spezifische Wärme des Materials unter der Oberfläche	cal g^{-1} grd^{-1}
c_p	Spezifische Wärme der Luft bei konstantem Druck	cal g^{-1} grd^{-1}
d	Durchmesser eines Kreiszylinders	cm
e_L	Wasserdampfdruck in der Höhe über dem Erdboden, für die die Wärmeübergangszahl α_L gilt (2 m)	Torr
E_L	Sättigungsdruck des Wasserdampfes bei der Lufttemperatur ϑ_L	Torr
E_0	Sättigungsdruck des Wasserdampfes bei der Temperatur der Oberfläche ϑ_0	Torr
E_{0E}	E_0 in Bezug auf Eis	Torr
E_{0W}	E_0 in Bezug auf Wasser	Torr

E'	Sättigungsdruck des Wasserdampfes bei der Temperatur des feuchten Thermometers ϑ'	Torr
f	$= e_L/E_{LW} =$ relative Luftfeuchtigkeit	
M	Zunahme der Eismasse in der Zeiteinheit angegeben in der entsprechenden Schichtdicke des Wassers	mm h^{-1}
p	Luftdruck	Torr
r	Verdampfungswärme von Wasser oder Eis	cal g^{-1}
r_W	Verdampfungswärme des Wassers	cal g^{-1}
r_E	Verdampfungswärme des Eises	cal g^{-1}
r_S	Schmelzwärme des Eises	cal g^{-1}
t	Zeit	z. B. min
T_0	Absolute Temperatur der Oberfläche	°K
T_L	Absolute Lufttemperatur in 2 m Höhe über dem Erdboden	°K
v	Windgeschwindigkeit	m s^{-1}
W	$= V/r =$ Wasserdampfstrom	g cm^{-2} min^{-1}
z	Tiefe unter der Oberfläche	cm
Δz	Schichtdicke des Materials, das das Eis bedeckt	cm
α_L	Wärmeübergangszahl für den Wärmeübergang zwischen Luft und Oberfläche	mcal cm^{-2} min^{-1} grd^{-1}
β	$= \lambda/\Delta z$ Wärmedurchgangszahl des Materials, das das Eis bedeckt	mcal cm^{-2} min^{-1} grd^{-1}
ϑ	Temperatur des Materials unter der Oberfläche	°C
ϑ_0	Temperatur der Oberfläche	°C
ϑ_L	Lufttemperatur in der Höhe über dem Erdboden, für die die Wärmeübergangzahl α_L gilt (2 m)	°C
$\vartheta_{\Delta z}$	Temperatur des Eises an seiner Oberfläche unter der Δz dicken Schicht des bedeckenden Materials	°C
ϑ'	Temperatur des feuchten Thermometers	°C
λ	Wärmeleitfähigkeit des Materials, das das Eis bedeckt	mcal cm^{-1} min^{-1} grd^{-1}
ρ	Dichte des Materials unter der Oberfläche; an anderer Stelle: Dichte des Wassers	g cm^{-3}
σ	Stefan-Boltzmannsche Konstante	mcal cm^{-2} min^{-1} grd^{-4}

ZUSAMMENFASSUNG

Die Abtragung (Ablation) von frei zu Tage tretendem und von mit anderen Stoffen – bei Gletschern mit Obermoräne – bedecktem Schnee oder Eis geschieht durch physikalische Vorgänge, die sich durch Gleichungen beschreiben lassen. Die Ablationsbeträge können berechnet werden, sind aber von so vielen Parametern abhängig, daß sich der ganze Zusammenhang der Ablationsvorgänge nicht in einem einzigen Diagramm darstellen läßt. In Kapitel 2 und im Anhang wird deshalb eine Reihe von Diagrammen gezeigt, die die Abhängigkeit der Ablation von den einzelnen meteorologischen Faktoren und – bei bedeckter Ablation – von der Wärmedurchgangszahl des bedeckenden Materials erkennen lassen. Die Unterschiede zwischen freier und bedeckter Ablation werden besonders deutlich. Aus den Diagrammen lassen sich auch die Beträge der durch andere Vorgänge herbeigeführten selektiven Ablation entnehmen; über die Wärmehaushaltsgleichung ist die Deutung dieser Vorgänge möglich.

Das 3. Kapitel bringt viele Bilder von den Gletschern und den glazialen Kleinablationsformen im Gebiet des Mount Everest. Die auf ihnen gezeigten Erscheinungen werden durch die in den ersten beiden Kapiteln vorausgehenden physikalischen Betrachtungen verständlich.

SUMMARY

Free and covered ablation. The ablation of ice that is either free and open to the air or covered with other materials (with sand, rubble or boulders; on glaciers with moraines) comes to pass by physical processes, that can be described by equations. The amount of the ablation can be calculated, but depends on so many parameters, that it is not possible to show all connections of the ablation processes in one single diagram. Therefore in chapter 2 and in the appendix many diagrams are shown, that represent the dependence of the ablation on the different meteorological factors and–in case of covered ablation–on the heat transmission coefficient of the covering material. The differences between free and covered ablation become especially clear. From these diagrams, too, one can take the amounts of selective ablation that is caused by other processes than by the difference in the covering. By using the equation of energy balance it is possible to interprete these processes.

The third chapter shows many illustrations about the glaciers and the small glacial forms of ablation in the environs of the Mt. Everest. The phenomenons shown on these photographs become intelligible by the physical considerations of the first and the second chapter.

EINLEITUNG

Die Abtragung von Schnee und Eis nennt man Ablation; sie erfolgt vor allem durch Schmelzen und Verdunsten. Andere Ablationsvorgänge, wie etwa das Verwehen lockeren Schnees durch den Wind oder die Abtragung durch fließendes Wasser, sollen im Folgenden nicht mitbetrachtet werden. Auch wird weiterhin nur von Eis gesprochen, wenn von irgendeiner Form der festen Phase des Wassers die Rede ist.

Die Abtragung von frei zu Tage tretendem Eis wird als »freie Ablation« bezeichnet. Die Abtragung von Eis, das mit anderen Stoffen – meist Sand oder Schutt oder Felstrümmern – bedeckt ist, nennt man »bedeckte Ablation«. Diese Unterscheidung geht auf C. TROLL [8] zurück, der auf ihr eine Systematik der Ablationsformen aufbaute.

Die Ablation ist von den meteorologischen Faktoren abhängig, so von der Sonnen- und Himmelsstrahlung, der atmosphärischen Gegenstrahlung, der Lufttemperatur, der Luftfeuchtigkeit und der Windgeschwindigkeit. Der funktionelle Zusammenhang zwischen der Masse des abgetragenen Eises und den meteorologischen Faktoren läßt sich mathematisch beschreiben. Der Formalismus erlaubt die Berechnung der Ablation, wenn außer den meteorologischen Bedingungen auch noch die Werte von Albedo, Temperatur und Wärmeleitfähigkeit des Eises und (bei bedeckter Ablation) des bedeckenden Materials bekannt sind.

Die Ablation kann an verschiedenen eng benachbarten Stellen einer Eisoberfläche ganz unterschiedlich sein. Es ergeben sich von Ort zu Ort andere Ablationsmassen und -höhen, so daß ursprünglich ebene Eis- oder Schneeoberflächen in eine Fülle von glazialen Kleinformen aufgelöst werden. Beispiele dafür sind die vielen Formen des Büßerschnees (Schnee- und Eispenitentes), die Schmelzschalen, die wabenförmigen Strukturen, Schmelz- oder Kryokonitlöcher, Gletschertische, Gletscherpilze und Ablationskegel. Diese unterschiedliche, selektive Ablation hat verschiedene Ursachen, von denen es abhängt, welche der genannten Formen entstehen:

Die Albedo der Eisoberfläche kann sich von Ort zu Ort ändern, so daß verschieden große Energiebeträge von absorbierter Sonnen- und Himmelsstrahlung zum Schmelzen und Verdunsten zur Verfügung stehen.

Eine zweite Ursache sind von Ort zu Ort verschiedene Wärmeübergangszahlen zwischen der Luft und dem Eis [3]. Dieser Effekt tritt aber nur auf, wenn schon Unregelmäßigkeiten der Oberfläche vorhanden sind; diese können sich dann verstärken.

Bei unterschiedlicher Windpressung von Schnee entstehen Dichteunterschiede. Der Schnee verliert an den Stellen geringerer Dichte schneller an Höhe, obwohl anfangs die Ablationsmassen überall gleich sind.

Freies und bedecktes Eis werden verschieden schnell abgetragen. Eine sehr dünne Schicht des bedeckenden Materials bewirkt in vielen Fällen ein stärkeres Abschmelzen des darunter liegenden Eises als bei freier Ablation. Eine dicke Schicht verursacht dagegen ein viel langsameres Abschmelzen, als wenn das Eis frei zu Tage tritt. Freie und bedeckte Ablation können so, wenn sie eng benachbart wirksam werden, die Ursache von glazialen Kleinformen (Schmelzlöcher, Gletschertische, Ablationskegel) sein.

Genauso sind auch unterschiedliche Art und Dicke der Bedeckung Ursachen für selektive Ablation.

Eine Systematik der Formen nach ihrer Entstehung [8] enthält die Schwierigkeit, daß die Bildungsvorgänge oft sehr mannigfaltig sind. Ist zum Beispiel eine erste Aufgliederung einer Schneedecke durch Rippelmarken oder unterschiedliche Windpressung erfolgt, so können dann auf Grund dieser Gliederung Unterschiede in der Wärmeübergangzahl oder Albedo wirksam werden. Die Entstehung der Eispenitentes auf dem Khumbu-Gletscher, wie sie in Kapitel 3 beschrieben wird, ist ein weiteres Beispiel für die vielfachen Möglichkeiten, die bei der Bildung der glazialen Kleinformen offenstehen und den Beobachter in Staunen versetzen und zum Nachdenken anregen.

Die Beobachtungen der Oberflächenformen und der glazialen Kleinformen auf den Gletschern des Mount-Everest-Gebietes – von März bis Mai 1963 im Rahmen der meteorologischen Arbeiten der 6. Arbeitsgruppe des Forschungsunternehmens Nepal-Himalaya – gaben die Anregung zu dieser Arbeit. Die Talgletscher des Gebietes sind größtenteils mit Schutt (Obermoräne) bedeckt. Man hat nicht so sehr den Eindruck von Eisströmen, vielmehr meint man, es seien Schuttströme (Abb. 6, 7 und 8). Die Gletscheroberflächen sind äußerst uneben und inhomogen; sie bestehen aus vielen Hügeln und Mulden, deren Hänge oft 20 m hoch und vielfach sehr steil, aber fast überall mit Schutt bedeckt sind. An manchen Stellen ist der Schutt von den Hängen abgerutscht, es tritt hier blankes Eis zutage, oft als kleine Eiswand ausgebildet. In den Mulden können sich kleine Seen bilden, die besonders deutlich werden auf der Everest-Karte vom Jahre 1957 [11]. Das Abschmelzen des Eises unter dieser äußerst inhomogenen Schuttdecke erfolgt nach den Gesetzen der bedeckten Ablation. Sehr mannigfaltige Vorgänge findet man im mittleren Teil des Khumbu-Gletschers (»weißer Teil« in Abb. 8) unterhalb des Eisbruches. Hier trifft man bis zu 30 m hohe Eistürme (Abb. 11, 12 und 15) an, deren Oberflächen deutliche Wabenstrukturen aufweisen. Die Gletscheroberfläche ist nur sehr dünn mit Schutt bedeckt, durch den etwa 1 m hohe Eispenitentes – auch Zackenfirn genannt – herausragen. Es gibt hier auch Gletschertische und Schmelzlöcher. In diesem Gebiet liegen freie und bedeckte Ablation eng nebeneinander, und das Wechselspiel zwischen beiden ist verantwortlich für den Reichtum an glazialen Formen.

Die Berechnung der abgetragenen Eismassen bei freier und bedeckter Ablation – in Abhängigkeit von den meteorologischen Faktoren und von den Werten der Albedo, Wärmeleitfähigkeit und Temperatur des Eises und des bedeckenden Materials – kann zu einem tieferen Verständnis der Beobachtungen führen. So sollen in dieser Arbeit die Gesetze der freien und bedeckten Ablation formuliert werden. Sie erlauben die Berechnung von Diagrammen, aus denen die Abnahme der Eismasse für freie und bedeckte Ablation hervorgeht; und schließlich ermöglichen diese Diagramme eine Deutung der beobachteten glazialen Formen.

Meinem Expeditionskameraden Herrn Konrad Häckl danke ich für die vielen fruchtbaren Diskussionen bei der Begehung der Gletscher und bei der Auswertung der Beobachtungen.

1. Gleichungen zur Berechnung der Ablation

A. Die Energiehaushaltsgleichung

Der Energiesatz erlaubt es, eine Gleichung aufzustellen, die die zu einer Fläche oder von ihr weg fließenden Energieströme beschreibt. Eine Fläche besitzt keine Wärmekapazität. Der Energiesatz verlangt daher für sie, daß die auf sie auftreffende Energie gleichzeitig und vollständig wieder abfließt. Die zur Fläche hin gerichteten Ströme werden hier positiv, die von ihr weg gerichteten negativ gerechnet. Daraus und aus dem Energiesatz folgt, daß die Summe aller am Energiehaushalt der Fläche beteiligten Energieströme Null sein muß.

Der Energiehaushalt der Erdoberfläche und so auch einer Eis- oder Schutt- oder Felsoberfläche wird im wesentlichen durch die 4 Energieströme Strahlungsbilanz Q, Strom fühlbarer Wärme aus der Luft L, Strom latenter Wärme des Wasserdampfes aus der Luft V und Wärmestrom aus dem Erdboden bzw. aus dem Eis, Schutt oder Fels bestimmt. Den letzteren kann man aufteilen: S sei der Anteil, der für Schmelzen und Gefrieren von Eis bzw. Wasser benötigt wird; ein positives S bedeutet Gefrieren von Wasser, ein negatives S bedeutet Schmelzen von Eis. B – der zweite Anteil des Wärmestromes aus dem Erdboden – wird zur Temperaturänderung unter der Oberfläche verwendet. Diese Energieströme besitzen die Dimension Energie/Fläche · Zeit und werden in dieser Arbeit in mcal cm⁻²min⁻¹ angegeben. Da die Summe der 5 genannten Energieströme Null sein muß, gilt als Energiehaushaltsgleichung der Oberfläche

$$Q + (B + S) + L + V = 0. \tag{1}$$

Dabei sind folgende Beziehungen gültig:

$$Q = \left(1-a\right) G + A - \sigma T_0^4 \tag{2}$$

mit G = Globalstrahlung, a = Albedo der Oberfläche (das ist ihr Reflexionsvermögen für kurzwellige Strahlung), T_0 = absolute Temperatur der Oberfläche, σ = STEFAN-BOLTZMANNsche Konstante = $0{,}826 \cdot 10^{-10}$ cal cm⁻² min⁻¹ grd⁻⁴, A = langwellige atmosphärische Gegenstrahlung. Für A gilt bei wolkenlosem Himmel die Formel von A. ÅNGSTRÖM [2, S. 21]:

$$A = \sigma T_L^4 \left[0{,}82 - 0{,}25\, exp\left(-\frac{0{,}29\, e_L}{Torr}\right)\right] \tag{3}$$

mit T_L = absolute Lufttemperatur, e_L = Wasserdampfdruck, beide in 2 m Höhe über dem Erdboden. In Gl. (2) für die Strahlungsbilanz Q ist die Annahme enthalten, daß das Reflexionsvermögen der Oberfläche für langwellige Strahlung Null ist. Im allgemeinen liegt der Wert dieser Größe bei natürlichen Oberflächen unter 5%, bei Neuschnee oft unter 1% [2, S. 13]. Da sich außerdem die Berücksichtigung dieses kleinen Wertes bei den letzten beiden Termen von (2) zum überwiegenden Teil wieder aufheben würde, bewirkt die Vernachlässigung des langwelligen Reflexionsvermögens nur einen sehr kleinen Fehler in Q.

B läßt sich über die Wärmevorratsänderung unter der Oberfläche berechnen:

$$B = -\int\limits_0^z \rho c \frac{\partial \vartheta}{\partial t} dz. \tag{4}$$

ρ = Dichte des Materials unter der Oberfläche, c = spez. Wärme dieses Materials (Eis, Fels, Boden), ϑ = Temperatur dieses Materials, t = Zeit, z = Tiefe unter der Oberfläche. ρc und $\partial \vartheta / \partial t$ sind von z abhängig. Die Integration muß bis zu der Tiefe z geführt werden, von der an sich ϑ mit t nur noch so wenig ändert, daß das Integral über noch tiefere Schichten nur einen vernachlässigbar kleinen Beitrag zu B liefert. Die Berechnungen in dieser Arbeit (Kapitel 2) erfolgen nur für stationäre Verhältnisse ($\partial/\partial t = 0$). Deshalb kann der Anteil B des Wärmestromes aus dem Erdboden in den folgenden Betrachtungen gleich Null gesetzt werden.

$$L = \alpha_L \left(\vartheta_L - \vartheta_0\right) \tag{5}$$

mit α_L = Wärmeübergangszahl (für den Wärmeübergang zwischen Luft und Oberfläche), ϑ_0 = Temperatur der Oberfläche, ϑ_L = Lufttemperatur in der Höhe über der Oberfläche, für die α_L gilt – das ist in dieser Arbeit bei den zu betrachtenden horizontalen Bodenoberflächen die Höhe von 2,0 m –.

$$V = \alpha_L \frac{0{,}623\, r}{p\, c_p} \left(e_L - E_0\right) \tag{6}$$

mit r = Verdampfungswärme des Wassers (r_W) oder des Eises (r_E), p = Luftdruck, c_p = spezifische Wärme der Luft bei konstantem Druck, e_L = Wasserdampfdruck in der Höhe über dem Erdboden, für die die Wärmeübergangszahl α_L gilt (2 m), E_0 = Sättigungsdruck des Wasserdampfes bei der Temperatur der Oberfläche; E_{0E} ist dieser Sättigungsdampfdruck in bezug auf Eis, E_{0W} in bezug auf Wasser.

Mit diesem Energiestrom V ist ein Wasserdampfstrom W verbunden:

$$W = \frac{V}{r}. \tag{7}$$

Das ist bei negativem V der Strom des verdunstenden, bei positivem V der Strom des (z. B. als Tau oder Reif) kondensierenden Wassers oder Eises. Bei Eisverdunstung oder -kondensation ist $r = r_E$, bei Wasserverdunstung oder -kondensation ist $r = r_W$. Mit r_S wird die Schmelzwärme des Eises bezeichnet, und es gilt:

$$r_E = r_W + r_S. \tag{8}$$

B. Die freie Ablation

Mit Hilfe der Gln. (1) bis (6) läßt sich der Energiehaushalt irgendeiner Oberfläche beschreiben, so auch der Energiehaushalt einer Eisoberfläche. Nach G. HOFMANN [3] kann man für eine Eisoberfläche 5 Bereiche mit verschiedenen Vorgängen unterscheiden: Eisverdunstung, Reifbildung, Verdunstung und Schmelzen, Kondensation und Schmelzen, Kondensation und Gefrieren. Die beiden ersten sind Vorgänge bei nichtschmelzender Oberfläche, die drei anderen sind Vorgänge bei schmelzender Oberfläche.

Nichtschmelzende Oberfläche: An der Oberfläche befindet sich Eis. Es gelten dabei folgende Bedingungen:

$$\vartheta_0 \leqslant 0°C; \; E_0 = E_{0E}; \; r = r_E; \; S = 0. \tag{9}$$

Bei Eisverdunstung ist $e_L < E_{0E}$, bei Reifbildung ist $e_L > E_{0E}$.

Mit a_E = Albedo der Eisoberfläche gilt nun als Energiehaushaltsgleichung der nichtschmelzenden Eisoberfläche

$$\left(1 - a_E\right) G + A - \sigma T_0^4 + \alpha_L \left(\vartheta_L - \vartheta_0\right) + \alpha_L \frac{0{,}623\, r_E}{p\, c_p} \left(e_L - E_{0E}\right) = 0. \tag{10}$$

Die Zunahme der Eismasse in der Zeiteinheit angegeben in der entsprechenden Schichtdicke des Wassers (z. B. in mm h⁻¹) wird M genannt. Positive M-Werte ergeben sich bei Reifbildung. Negative M-Werte bedeuten Ablation, die bei nichtschmelzender Oberfläche nur durch Eisverdunstung bewirkt wird. M ist so proportional dem Wasserdampfstrom W:

$$M = \frac{1}{\rho} W = \frac{1}{\rho} \frac{V}{r_E} = \frac{1}{\rho} \alpha_L \frac{0{,}623}{p\, c_p} \left(e_L - E_{0E}\right), \tag{11}$$

wobei ρ die Dichte des Wassers ist. Kennt man aus der Energiehaushaltsgleichung (10) das Glied V, so kann man bei Reifbildung als positives M die gebildete Reifmenge, bei Eisverdunstung als Betrag des negativen M die gesamte Ablation berechnen.

Schmelzende Oberfläche: An der Oberfläche befindet sich Wasser. Es gelten dabei folgende Bedingungen:

$$\vartheta_0 = 0°C; \; E_0 = 4{,}58\; Torr; \; r = r_W; \tag{12}$$

Bei Verdunstung und Schmelzen: $e_L < 4{,}58\; Torr; \; S < 0$
bei Kondensation und Schmelzen: $e_L > 4{,}58\; Torr; \; S < 0$
bei Kondensation und Gefrieren: $e_L > 4{,}58\; Torr; \; S > 0$.

Die Energiehaushaltsgleichung der schmelzenden Eisoberfläche lautet nun:

$$\left(1 - a_E\right) G + A - \sigma T_0^4 + \alpha_L \left(\vartheta_L - \vartheta_0\right) + \alpha_L \frac{0{,}623\, r_W}{p\, c_p} \left(e_L - E_0\right) = -S. \tag{13}$$

In den 5 Bereichen nach G. Hofmann [3] findet Ablation nur bei Eisverdunstung, bei Verdunstung und Schmelzen und bei Kondensation und Schmelzen statt. Bei den Ablations-Betrachtungen dieser Arbeit sind daher nur diese 3 Bereiche von Interesse. Schmelzen ist gegeben bei negativen Werten von S. M ist wegen

$$M = \frac{1}{\rho} \frac{S}{r_S} \tag{14}$$

dann auch negativ, was Ablation bedeutet. Gl. (14) beschreibt die gesamte Ablation bei negativen S-Werten, wenn man annimmt, daß das aus Kondensation und Schmelzen entstehende Wasser sofort abfließt. Der Wasserdampfstrom W geht in Gl. (14) nicht ein: Bei Verdunstung muß alles was verdunstet vorher geschmolzen werden; deshalb ist in S/r_S alles Eis enthalten, was abfließt und verdunstet. Bei Kondensation fließt die kondensierte Masse gleich wieder ab, leistet also keinen Beitrag zur Änderung der Eismasse.

Grenze zwischen nichtschmelzender und schmelzender Oberfläche:
Sie ist durch folgende Bedingungen charakterisiert:

$$\vartheta_0 = 0°C \; ; \; E_0 = 4,58 \; Torr \; ; \; r = r_E \; ; \; S = 0. \tag{15}$$

Die Energiehaushaltsgleichung an dieser Grenze lautet:

$$\left(1 - a_E\right) G + A - \sigma T_0^4 + \alpha_L \left(\vartheta_L - \vartheta_0\right) + \alpha_L \frac{0,623 \, r_E}{p \, c_p} \left(e_L - E_0\right) = 0. \tag{16}$$

Die Ablation ergibt sich aus
$$M = \frac{1}{\rho} \frac{V}{r_E}. \tag{17}$$

An der Oberfläche befindet sich Eis [3], das besagt die Bedingung $r = r_E$. Die Bedingungen $\vartheta_0 = 0°C$; $E_0 = 4,58$ Torr, $r = r_W$ und $S = 0$ können bei $e_L < 4,58$ Torr (Verdunstung) nicht erfüllt werden, da hierbei Wasser verdunsten müßte, das aber wegen $S = O$ nicht nachgeliefert wird. Für $e_L > 4,58$ Torr (Kondensation) charakterisieren diese Bedingungen die Grenze zwischen den Bereichen »Kondensation und Schmelzen« und »Kondensation und Gefrieren«.

Die Energiehaushaltsgleichung der Oberfläche ermöglicht die Berechnung der Ablation (–M). Die Gln. (10), (13) und (16) und die zusammen mit ihnen gültigen Beziehungen für M gelten für stationäre Verhältnisse, das in Gl. (4) definierte B ist gleich Null. Diese Voraussetzung bedeutet für das Ziel dieser Arbeit keine Einschränkung. Sie erlaubt es vielmehr erst, die prinzipiellen Unterschiede zwischen freier und bedeckter Ablation darzustellen (Kapitel 2), ohne daß der verwendete Aufwand allzu groß wird.

C. Die bedeckte Ablation

Auf dem Eis liegt eine Schicht bedeckenden Materials der Dicke Δz, das die Wärmeleitfähigkeit λ besitzt. $\lambda / \Delta z = \beta$ ist die Wärmedurchgangszahl der bedeckenden Schicht. Die Benutzung dieser Größe – sie besitzt die gleiche Dimension wie die Wärmeübergangszahl α_L in den Gleichungen (5) und (6) – ermöglicht es, die Gesetze der bedeckten Ablation ohne λ und Δz in allgemeinerer Form darzustellen.

Die Energiehaushaltsgleichung der Oberfläche des bedeckenden Materials ist allgemein wieder durch (1) gegeben. Die Voraussetzung stationärer Verhältnisse hat zur Folge, daß $B = 0$ ist. B ist die Wärmevorratsänderung unter der Oberfläche, also im bedeckenden Material und im Eis. Vom Wärmestrom aus dem Erdboden bleibt so nur der Anteil S übrig, der für Schmelzen und Gefrieren von Eis bzw. Wasser benötigt wird. Wird mit ϑ_0 die Oberflächentemperatur der bedeckenden Schicht bezeichnet und mit $\vartheta_{\Delta z}$ die Temperatur des Eises an dessen Obergrenze in der Tiefe Δz unter der Oberfläche des bedeckenden Materials, so gilt

$$S = \beta \left(\vartheta_{\Delta z} - \vartheta_0\right). \tag{18}$$

In dieser Arbeit soll nur von der Ablation die Rede sein. Bedeckte Ablation kann aber nur durch Schmelzen erfolgen, wenn man annimmt, daß durch die Schichten des bedeckenden Materials kein Wasserdampfstrom hindurchgeht. Damit interessiert nur der Fall, daß $\vartheta_{\Delta z} = 0°C$ ist. Bei den angenommenen stationären Verhältnissen gilt dann auch $\vartheta_0 > 0°C$ und

$$S = -\beta\vartheta_0. \tag{19}$$

Für die Ablation ergibt sich:
$$M = \frac{1}{\rho}\frac{S}{r_S} = -\frac{1}{\rho r_S}\beta\vartheta_0. \tag{20}$$

Man kann 2 Fälle unterscheiden:

1. Bedeckte Ablation *ohne* Kondensation auf dem bedeckenden Material.

   Mit E_0 = Sättigungsdampfdruck bei der Temperatur der Oberfläche ϑ_0 gelten die Bedingungen
   $$\vartheta_0 > 0°C;\ \vartheta_{\Delta z} = 0°C;\ E_0 \geqq e_L;\ V = 0. \tag{21}$$

   Mit a_B = Albedo der Oberfläche des bedeckenden Materials folgt für diese die Energiehaushaltsgleichung
   $$\left(1-a_B\right)G + A - \sigma T_0^4 - \beta\vartheta_0 + \alpha_L\left(\vartheta_L - \vartheta_0\right) = 0, \tag{22}$$

   womit sich die Oberflächentemperatur ϑ_0 und dann nach Gl. (20) M berechnen läßt.

2. Bedeckte Ablation *mit* Kondensation auf dem bedeckenden Material.

   Es gelten die Bedingungen
   $$\vartheta_0 > 0°C;\ \vartheta_{\Delta z} = 0°C;\ E_0 = E_{0W} < e_L;\ r = r_W;\ V > 0 \tag{23}$$

   und als Energiehaushaltsgleichung der Oberfläche des bedeckenden Materials
   $$\left(1-a_B\right)G + A - \sigma T_0^4 - \beta\vartheta_0 + \alpha_L\left(\vartheta_L - \vartheta_0\right) + \alpha_L\frac{0{,}623\,r_W}{p\,c_p}\left(e_L - E_{0W}\right) = 0. \tag{24}$$

Mit Hilfe dieser Gleichung läßt sich wie oben wieder ϑ_0 aus den meteorologischen Faktoren berechnen. Aus ($-\beta\vartheta_0$) folgt nach Gl. (20) die Ablation M.

Das kondensierte Wasser wird nicht als positives M gewertet, da M ja als Zunahme der Eismasse definiert ist und das kondensierende Wasser wie das Schmelzwasser abfließt. Die Kondensationsenergie geht aber in den Energiehaushalt der Oberfläche des bedeckenden Materials ein.

2. Die Ablations-Diagramme

A. Die Berechnung der Diagramme

Im 1. Kapitel sind die Gleichungen zusammengestellt worden, die notwendig sind, um die Beträge der freien und bedeckten Ablation berechnen zu können. Dabei wird die Abhängigkeit von den meteorologischen Faktoren (z. B. den Strahlungsströmen, der Lufttemperatur und der Luftfeuchtigkeit) durch die Anwendung der Energiehaushaltsgleichung berücksichtigt, die immer erfüllt sein muß.

Die freie Ablation der nichtschmelzenden Oberfläche läßt sich aus Gl. (11) ermitteln, wenn man die Werte von α_L, e_L, p und E_{0E} kennt. Letzteres ist eine Funktion nur von der Oberflächentemperatur ϑ_0, die sich so einstellt, daß die Energiehaushaltsgleichung (10) erfüllt ist. ϑ_0 kann deshalb aus (10) berechnet werden, wenn außer α_L, e_L und p auch noch a_E, G und ϑ_L bekannt sind. Die langwellige atmosphärische Gegenstrahlung A ist nach Gl. (3) über e_L und ϑ_L bestimmt. So hängt die freie Ablation bei nichtschmelzender Oberfläche von 6 unabhängigen Variablen ab. Die nur durch vergleichsweise komplizierte Formeln beschreibbare Abhängigkeit des Sättigungsdampfdruckes $E_{0E}(\vartheta_0)$ von ϑ_0 läßt eine Auflösung der Gl. (10) nach ϑ_0 in geschlossener Form nicht zu. Soferne man die lineare Näherung als nicht ausreichend ansieht, wird eine sukzessive Approximation – wie sie in dieser Arbeit bei der Berechnung der Diagramme angewandt wurde – immer Werte der geforderten Genauigkeit liefern.

Die freie Ablation an der Grenze zwischen nichtschmelzender und schmelzender Oberfläche ist auch von den oben genannten 6 Variablen abhängig, von denen aber nur 5 unabhängig sind, da jetzt $\vartheta_0 = 0°C$ gilt. Die Berechnung erfolgt nach den Gln. (16) und (17). Bei schmelzender Oberfläche ist ebenfalls $\vartheta_0 = 0°C$. Da aber die pro Flächen- und Zeiteinheit verbrauchte Schmelzwärme $(-S)$ als zusätzlicher Wärmestrom in der Energiehaushaltsgleichung (13) auftritt, ist die aus Gl. (14) folgende Ablation wieder von den 6 unabhängigen Variablen a_E, G, ϑ_L, e_L, α_L und p abhängig.

Die bedeckte Ablation ohne Kondensation auf dem bedeckenden Material – Gln. (20) und (22) – ist von den 5 unabhängigen Variablen a_B, G, ϑ_L, α_L und β abhängig. Aus ihnen kann man nach der Energiehaushaltsgleichung (22) die Oberflächentemperatur des bedeckenden Materials berechnen und nach Gl. (20) die Ablation. Bei bedeckter Ablation mit Kondensation kommen e_L und p als weitere unabhängige Variable hinzu.

Insgesamt sind also die Erscheinungen der freien und bedeckten Ablation von den 8 unabhängigen Variablen a_E, a_B, G, ϑ_L, e_L, α_L, β und p abhängig. In einem ebenen Diagramm kann man eine Größe (Ordinate) nur in Abhängigkeit von höchstens zwei unabhängigen Variablen (Abszisse und Scharparameter) darstellen. So ist es unmöglich, daß ein ebenes Diagramm die Ablationsbeträge $(-M)$ in Abhängigkeit von allen sie beeinflussenden Größen enthält. G. Hofmann [3] hat daher zur Berechnung der freien Ablation die kombinierten Größen $(-M/\alpha_L)$ und $(\vartheta_L + (Q + B)/\alpha_L)$ verwendet; so »war die Darstellung des ganzen Zusammenhanges (mit p = const) in einem Schaubild möglich«. Diesem Vorteil der kombinierten Größen steht der Nachteil gegenüber, daß die Diagramme nur schwer erkennen lassen, was geschieht, wenn man eine einzelne Größe – etwa ϑ_L oder das von der Windgeschwindigkeit abhängige α_L – variiert.

Hier sollen nun ebene Diagramme gezeichnet werden, die die Beträge $(-M)$ der freien und bedeckten Ablation nebeneinander in Abhängigkeit von den oben genannten Variablen zeigen. Das ist nur möglich, wenn man von vornherein darauf verzichtet, alle genannten Größen zu variieren, und wenn man die Darstellung der Zusammenhänge auf mehrere Diagramme verteilt. Setzt man a_E, a_B und p konstant, so bleiben für die freie Ablation nur noch die 4 unabhängigen Variablen G, ϑ_L, e_L und α_L übrig, wovon ϑ_L als Abszisse und e_L bzw. f = relative Luftfeuchtigkeit = e_L/E_{LW} (E_{LW} = Sättigungsdruck des Wasserdampfes in bezug auf Wasser bei der Lufttemperatur ϑ_L) als Scharparameter dargestellt werden. Man muß so viele Diagramme zeichnen, für wie viele Wertepaare von G und α_L man den Zusammenhang zwischen $-M$, ϑ_L und f sehen will. Bei der Berechnung der bedeckten Ablation ohne Kondensation bleiben noch die 4 unabhängigen Variablen G, ϑ_L, α_L und β übrig, wovon ϑ_L als Abszisse und β als Scharparameter dargestellt werden. Wiederum gibt es so viele Diagramme wie Wertepaare von G und α_L.

Die Diagramme sollen die prinzipiellen Unterschiede zwischen freier und bedeckter Ablation zeigen. Deshalb werden freie und bedeckte Ablation jeweils zusammen in jedem Diagramm dargestellt. Es ist dabei natürlich notwendig, daß die äußeren die Oberflächen beeinflussenden Größen – Globalstrahlung G, die von der Windgeschwindigkeit abhängige Wärmeübergangszahl α_L, die Lufttemperatur ϑ_L, der Dampfdruck e_L – für die zu vergleichenden Vorgänge bei freier und bedeckter Ablation dieselben Werte annehmen. Auch die nach Gl. (3) von ϑ_L und e_L abhängige atmosphärische Gegenstrahlung A muß für die zu vergleichende freie und bedeckte Ablation dieselbe sein. Um nun durch A nicht auch noch den Einfluß des Dampfdruckes in die Berechnung der bedeckten Ablation ohne Kondensation hineinzubekommen, um aber andererseits bei freier und bedeckter Ablation mit gleichen A-Werten zu rechnen, wurde A entsprechend

$$A = \sigma T_L^4 \left[0{,}82 - 0{,}25 \, exp \left(-\frac{0{,}29 \, \tfrac{1}{2} E_{LW}}{Torr} \right) \right] \tag{25}$$

ermittelt. A ist so nur noch von ϑ_L abhängig. Diese Gleichung entspricht Gleichung (3) für f = 50 %. Wie die nach (3) mit f = 20 % und f = 100 % berechneten A-Werte von den mit f = 50 % ermittelten abweichen, zeigt folgende Zusammenstellung:

211

ϑ_L	Atmosphärische Gegenstrahlung in mcal cm^{-2} min^{-1} berechnet mit		
°C	f = 20 %	f = 50 %	f = 100 %
−20	198	204	214
0	289	318	347
+20	445	488	499

Für die Eisalbedo a_E wurde der Wert 50 % gewählt. Das ist die mittlere Albedo einer Altschnee-decke. Reiner Firnschnee hat mit 50...65 % eine höhere, reines Gletschereis (30...46 %) und un-reiner Firnschnee (20...50 %) haben eine niedrigere Albedo. Sehr kleine Werte besitzt unreines Gletschereis (20...30 %), sehr hohe Werte Neuschnee (75...95 %). Die angegebenen Richtzahlen sind dem Buch von R. GEIGER [2, S. 16] entnommen. Für die Albedo des bedeckenden Materials a_B wurde der Wert 20 % gewählt. Das entspricht der Albedo eines dunklen Sandbodens [2, S. 16]. Es wurde mit dem Luftdruck p = 405 Torr gerechnet –, das ist der Luftdruck in 5000 m über NN in der CINA-Normalatmosphäre [10, S. 433]. Die im 3. Kapitel beschriebenen Erscheinungen wur-den in dieser Höhe beobachtet. Daß sich die Ablationsbeträge mit p nicht sehr ändern, zeigt Abb. 5.

Die spezifische Wärme der Luft bei konstantem Druck c_p, die Schmelzwärme r_S und die Ver-dampfungswärme des Wassers r_W und die des Eises r_E werden als Konstante behandelt, obwohl [10, S. 415 und 485] eine (geringe) Temperaturabhängigkeit dieser Größen besteht. Es werden hier verwendet: $c_p = 0,24$ cal g^{-1} grd^{-1}, $r_S = 80$ cal g^{-1}, $r_W = 597$ cal g^{-1} und $r_E = 677$ cal g^{-1}.

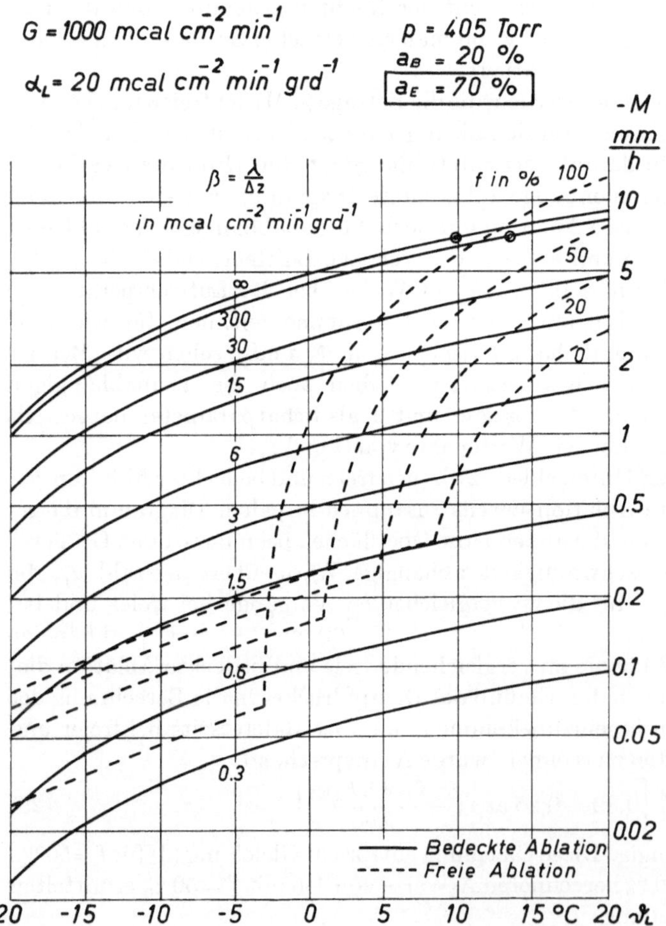

Die Abb. 1 zeigt das erste so be-rechnete Ablationsdiagramm, das aber im Gegensatz zu den später zu besprechenden für eine Eisalbedo von 70 % gilt. Am Beispiel der Abb. 1 soll hier zunächst die äußere Anordnung des Inhalts der Diagramme beschrie-ben werden, ehe in Kapitel 2B die Erläuterung folgt. Als Abszisse ist in linearem Maßstab die Lufttempera-tur in 2 m Höhe über dem freien Eis bzw. dem bedeckenden Material von −20 bis +20°C dargestellt, als Ordi-nate die Ablation (−M) in mm h^{-1}. Man beachte den logarithmischen Maßstab der Ordinate.

Abb. 1. Freie und bedeckte Ablation (−M). M = Zunahme der Eismasse in der Zeiteinheit angegeben in der entspre-chenden Schichtdicke des Wassers, ϑ_L = Lufttemperatur, G = Globalstrah-lung, α_L = Wärmeübergangszahl, p = Luftdruck, a_B = Albedo des bedecken-den Materials, a_E = Eisalbedo, β = Wärmedurchgangszahl des bedecken-den Materials, f = relative Luftfeuch-tigkeit. Die Berechnung der Kurven erfolgte nach den Gleichungen des 1. Kapitels

Die ausgezogenen Kurven gelten für die bedeckte Ablation. Die Wärmedurchgangszahl $\beta = \lambda/\Delta z$ des bedeckenden Materials dient als Scharparameter. Die Wärmeleitfähigkeit λ beträgt

für Felsgestein und Granit	300 mcal cm⁻¹ min⁻¹ grd⁻¹
für trockenen Sand	30 mcal cm⁻¹ min⁻¹ grd⁻¹
für ruhende Luft	3 mcal cm⁻¹ min⁻¹ grd⁻¹

Das sind Richtwerte, die die Größenordnung veranschaulichen sollen. Mit ihnen kann man den in Abb. 1 verwendeten Wärmedurchgangszahlen β bestimmte Schichtdicken Δz des bedeckenden Materials zuordnen, denn das Denken in Schichtdicken ist anschaulicher als das Denken in Wärmedurchgangszahlen:

β	∞	300	30	15	6	3	1,5	0,6	0,3	$\dfrac{\text{mcal}}{\text{cm}^2 \text{ min grd}}$
Δz, Sand	0	0,1	1	2	5	10	20	50	100	cm
Δz, Fels	0	1	10	20	50	100	200	500	1000	cm

So gilt die oberste ausgezogene Kurve für die bedeckte Ablation bei $\beta = \infty$, d. h. bei einer unendlich dünnen Bedeckung, die unterste Kurve bei $\beta = 0{,}3$ mcal cm⁻² min⁻¹ grd⁻¹, d. h. bei einer 1 m dicken Sanddecke oder einem 10 m dicken Felsen.

Diese ausgezogenen Kurven stellen die bedeckte Ablation *ohne* Kondensation dar, weil bei der hohen gewählten Globalstrahlung von 1000 mcal cm⁻² min⁻¹ die Oberflächentemperatur des bedeckenden Materials im allgemeinen so hoch ansteigt, daß auf ihm keine Kondensation stattfindet. Bei $\beta = \infty$ beträgt die Oberflächentemperatur bei Ablation konstant 0°C, weshalb bei einer relativen Luftfeuchtigkeit f = 100 % und Lufttemperaturen ϑ_L oberhalb von 0°C bedeckte Ablation *mit* Kondensation stattfindet. Dabei sind dann die Ablationsbeträge höher als im Diagramm dargestellt, weil ein positiver Strom latenter Wärme des Wasserdampfes zusätzlich Energie zur Oberfläche bringt. Das kondensierte Wasser fließt allerdings gleich wieder ab und liefert keinen Beitrag zur Zunahme der Eismasse in der Zeiteinheit M. Bei f = 50 % setzt bedeckte Ablation mit Kondensation erst bei höheren ϑ_L ein als 9,9°C bei $\beta = \infty$ und 13,4°C bei $\beta = 300$ mcal cm⁻² min⁻¹ grd⁻¹. Diese Punkte, oberhalb von denen bedeckte Ablation *mit* Kondensation bei f = 50 % stattfindet, sind in den Diagrammen durch $\odot$ gekennzeichnet.

Die gestrichelten Kurven gelten für die freie Ablation. Die relative Luftfeuchtigkeit dient als Scharparameter. Die Kurven haben einen Knickpunkt, das ist die Grenze zwischen nichtschmelzender und schmelzender Oberfläche. Diese Grenze kann bei Lufttemperaturen über und unter 0°C liegen, je nachdem welchen Einfluß die Strahlungsbilanz und der Strom latenter Wärme des Wasserdampfes auf die Oberflächentemperatur besitzen, s. Gl. 16. Bei schmelzender Oberfläche nimmt die Ablation mit der Lufttemperatur sehr stark zu. Am Kopf jedes Ablationsdiagrammes sind rechts die konstant gehaltenen Größen (p, a_B und a_E) notiert, links steht das Wertepaar von Globalstrahlung G und Wärmeübergangszahl α_L, für das das Diagramm gilt. Diagramme wurden gezeichnet für G = 500, 1000 und 1500 mcal cm⁻² min⁻¹ und α_L = 10, 20 und 30 mcal cm⁻² min⁻¹ grd⁻¹. Ein zehntes Diagramm gilt für das Wertepaar G = 0 und α_L = 10 mcal cm⁻² min⁻¹ grd⁻¹. Bei einer ausgedehnten ebenen Schnee- oder Sand (Schutt)-Oberfläche entsprechen die drei gewählten Wärmeübergangszahlen von 10, 20 und 30 mcal cm⁻² min⁻¹ grd⁻¹ den Windgeschwindigkeiten in 2 m Höhe von etwa 1,4 und 10 ms⁻¹ [3].

B. Die Erläuterung der Diagramme

Die Abb. 1 zeigt drei Erscheinungen:

1. die unterschiedliche Ablation von freiem Eis bei unterschiedlicher relativer Luftfeuchtigkeit,
2. die unterschiedliche Ablation von Eis mit und ohne Bedeckung,
3. die unterschiedliche Ablation von bedecktem Eis bei unterschiedlicher Wärmedurchgangszahl.

1. Zunächst werden nur die gestrichelten Kurven der freien Ablation betrachtet. Dabei kann man feststellen:

a) Bei nichtschmelzender Oberfläche nimmt die freie Ablation mit zunehmender relativer Luftfeuchtigkeit f und zunehmendem Wasserdampfdruck $e_L = f \cdot E_{LW}$ ab. Die Ursache ist die mit zunehmendem Wasserdampfdruck abnehmende Verdunstung, die bei nichtschmelzender Oberfläche die Ablation bewirkt (Gl. (11)). Teil A der Tab. 1 enthält für diesen Zusammenhang ein Zahlenbeispiel.

b) Bei schmelzender Oberfläche ist die freie Ablation um so größer, je größer die relative Luftfeuchtigkeit und der Wasserdampfdruck sind – siehe Teil C der Tab. 1. Bei der konstanten Temperatur der schmelzenden Oberfläche $\vartheta_0 = 0°C$ ändern sich der Strom fühlbarer Wärme L nicht und die Strahlungsbilanz Q nur wenig (siehe Gl. 3), wenn sich nur die relative Luftfeuchtigkeit ändert (in Teil C der Tab. 1 ändert sich die Strahlungsbilanz Q deshalb überhaupt nicht mit f, weil die atmosphärische Gegenstrahlung A wie in den Diagrammen nach Gl. (25) berechnet wurde). Der Strom latenter Wärme des Wasserdampfes V zur Oberfläche nimmt aber mit steigendem Wasserdampfdruck zu. Bei niedrigen Feuchten wird der Oberfläche durch Verdunstung noch Energie entzogen, bei höheren Feuchten liefert V aber einen großen Teil der zum Schmelzen benötigten Wärme.

c) Die Lufttemperatur, bei der die nichtschmelzende Oberfläche in die schmelzende übergeht, ist um so höher, je niedriger die relative Luftfeuchtigkeit ist. Die Ursache dafür ist die bei kleineren Wasserdampfdrucken höhere Verdunstung, die tiefere Oberflächentemperaturen bewirkt.

Tabelle 1. Der Energiehaushalt der Oberfläche bei freier und bedeckter Ablation unter den Bedingungen $G = 1000$ mcal cm^{-2} min^{-1}, $\alpha_L = 20$ mcal cm^{-2} min^{-1} grd^{-1}, $p = 405$ Torr, $a_B = 20\%$ und $a_E = 70\%$

f %	β $\dfrac{mcal}{cm^2\ min\ grd}$	ϑ_0 °C	Q $\dfrac{mcal}{cm^2\ min}$	L $\dfrac{mcal}{cm^2\ min}$	V $\dfrac{mcal}{cm^2\ min}$	S $\dfrac{mcal}{cm^2\ min}$	$-M$ $\dfrac{mm}{h}$
A	$\vartheta_L = -5{,}0°C$, Freie Ablation, nichtschmelzende Oberfläche						
0	—	−7,3	170	45	−215	—	0,19
20	—	−6,1	162	22	−184	—	0,16
50	—	−4,4	152	−13	139	—	0,12
100	—	−1,8	135	−65	− 70	—	0,06
B	$\vartheta_L = -5{,}0°C$, Bedeckte Ablation ohne Kondensation						
—	∞	0,0	623	−100	—	−523	3,9
—	15	12,4	534	−348	—	−186	1,4
—	0,3	18,8	482	−476	—	− 6	0,04
C	$\vartheta_L = 10{,}0°C$, Freie Ablation, schmelzende Oberfläche						
0	—	0,0	240	200	−350	− 90	0,67
20	—	0,0	240	200	−210	−230	1,7
50	—	0,0	240	200	2	−442	3,3
100	—	0,0	240	200	354	−794	6,0
D	$\vartheta_L = 10{,}0°C$, Bedeckte Ablation ohne Kondensation						
—	∞	0,0	740	200	—	−940	7,1
—	15	22,1	573	−242	—	−331	2,5
—	0,3	33,1	472	−462	—	− 10	0,07

2. Ist die bedeckte Ablation bei gleichen Werten von G, α_L, p und ϑ_L größer als die freie Ablation, so kann man sagen, die Bedeckung fördert die Ablation gegenüber der Abtragung bei freiem Eis. Ist die bedeckte Ablation kleiner als die freie, so kann man sagen, die Bedeckung übt im Vergleich zur freien Ablation eine Schutzwirkung auf das bedeckte Eis aus. So fördert eine 5 cm dicke Schutt- oder Sandbedeckung (β = 6 mcal cm^{-2} min^{-1} grd^{-1}) die Ablation des darunter liegenden Eises im Vergleich zur freien Ablation unter den Bedingungen der Abb. 1, wenn die Lufttemperatur kleiner ist als –0,8°C und die Luftfeuchtigkeit 100 % beträgt. Die entsprechenden Temperaturwerte für f = 50, 20 und 0 % sind 3,6, 8,2 und 13,1°C. Bei f = 50 % und ϑ_L = 3,6°C sind freie und bedeckte Ablation gleich. Bei niedrigeren Lufttemperaturen überwiegt die bedeckte Ablation, sie ist bei ϑ_L = 0°C mit 0,9 mm h^{-1} mehr als fünfmal so groß wie die freie. Bei höheren Lufttemperaturen überwiegt die freie Ablation, sie ist bei ϑ_L = 7,5°C mit 2,3 mm h^{-1} doppelt so groß wie die bedeckte.

Die Kurve mit β = 6 mcal cm^{-2} min^{-1} grd^{-1} gilt auch für einen Felsblock von 50 cm Dicke – wenn man von den Randeffekten absieht. Dieser Block wird einen Gletschertisch bilden, wenn bei f = 50 % die Lufttemperatur höher als 3,6°C ist und wenn in der Umgebung freie Ablation vor sich geht. Es bildet sich ein Schmelzloch, wenn ϑ_L kleiner als 3,6°C ist. Wie tief dieses Schmelzloch bzw. wie hoch der Gletschertisch nach einer bestimmten Zeit sein wird, läßt sich für die Bedingungen der Abb. 1 aus der unterschiedlichen Ablation des freien und bedeckten Eises an der Ordinate ablesen.

Kleine Schichtdicken der Bedeckung fördern die Ablation bis zu hohen Lufttemperaturen. Große Schichtdicken bewirken einen großen Schutz und eine sehr kleine Ablation des bedeckten Eises im Vergleich zur freien Ablation. Bei einer Schuttdecke von 1 m Dicke (β = 0,3 mcal cm^{-2} min^{-1} grd^{-1}) und einer Lufttemperatur von 5°C ist nach Abb. 1 die freie Ablation bei f = 50 % mit 1,5 mm h^{-1} mehr als 20 mal so groß wie die bedeckte. Die Ursache für diese Wirkung des bedeckenden Materials läßt sich mit Hilfe der Teile B und D der Tab. 1 zeigen: Die bedeckte Ablation ohne Kondensation wird im Grenzfall β = ∞ vorwiegend durch die Strahlungsbilanz Q bewirkt. Ist auch noch ϑ_L = 0°C, so gilt Q + S = 0. Nimmt β ab – d. h. die Schichtdicke des bedeckenden Materials nimmt zu –, dann nimmt die Oberflächentemperatur zu, und immer mehr Anteile der Strahlungsbilanz werden nicht zum Schmelzen verwendet, sondern sie fließen als Strom fühlbarer Wärme (–L) von der Oberfläche zur Luft. Für β = 0 gilt Q + L = 0; annähernd ist das bei einer 1 m dicken Sanddecke (β = 0,3 mcal cm^{-2} min^{-1} grd^{-1}) schon der Fall. Die Schutzwirkung des bedeckenden Materials bei großen Schichtdicken besteht also darin, daß die Strahlungsbilanz nicht zum Schmelzen verwendet wird, sondern als Strom fühlbarer Wärme von der Oberfläche in die Luft weggeht. Die Förderung der Ablation durch das bedeckende Material bei geringen Schichtdicken – im Vergleich zur freien Ablation – ist vor allem eine Folge der geringeren Albedo und der dadurch größeren Strahlungsbilanz als bei freier Eisoberfläche. Man vergleiche dazu auch die Q-Werte der Tab. 1.

Die gestrichelten Kurven trennen für die angegebenen relativen Luftfeuchtigkeiten f die Fläche des Diagramms in 2 Gebiete. Im Gebiet links oberhalb der gestrichelten Kurve ist die dort an irgendeiner Stelle durch Abszisse und Scharparameter bestimmte bedeckte Ablation größer als die durch die gestrichelte Kurve gegebene freie Ablation. Die Bedeckung fördert die Ablation im Vergleich zur Abtragung des freien Eises; es bilden sich Schmelzlöcher. Im Gebiet rechts unterhalb der gestrichelten Kurve ist die bedeckte Ablation kleiner als die freie Ablation. Die Bedeckung übt eine Schutzwirkung auf das bedeckte Eis aus; es bilden sich Gletschertische.

3. Unterschiedliche Ablation von Ort zu Ort tritt nicht nur auf, wenn bedecktes und freies Eis eng benachbart sind; vielmehr gibt es selektive Ablation auch überall dort, wo die Bedeckung verschieden ist. Ein das Eis bedeckender 20 cm dicker Stein (β = 15 mcal cm^{-2} min^{-1} grd^{-1}) wächst bei ϑ_L = –2°C und unter den Bedingungen der Abb. 1 in einer Stunde 2,5 mm über seine Umgebung hinaus, wenn diese nur sehr dünn bedeckt ist (β = 300 mcal cm^{-2} min^{-1} grd^{-1}). Selbst wenn die

Ablation unter diesen Bedingungen nur täglich fünf Stunden andauert, ist der Gletschertisch nach 2 Monaten 75 cm hoch. Dabei sind – um das Prinzipielle zu zeigen – Randeffekte an der Begrenzung des Steines nicht mitbetrachtet worden. Das soll auch der Einfachheit halber bei allen weiteren Überlegungen unterbleiben.

Liegen in einer 10 cm dicken Sanddecke (β = 3mcal cm^{-2} min^{-1} grd^{-1}) an einigen Stellen 10 cm dicke Steine (β = 30 mcal cm^{-2} min^{-1} grd^{-1}) anstelle des Sandes, so ist die Ablation unter den Steinen stärker und sie schmelzen in das Eis ein. Der großen Schutzwirkung des Sandes, die auf dessen geringer Wärmeleitfähigkeit beruht, verdanken auch die Ablationskegel ihre Entstehung. Die hier angeführten Beispiele der selektiven Ablation dienen nur zur Erläuterung des Inhaltes der Diagramme. Sie lassen sich beliebig vermehren.

4. Außer der Abb. 1 sind dieser Arbeit im Anhang 10 weitere Ablationsdiagramme beigelegt, deren Berechnung in Kapitel 2 A beschrieben ist. Eine Vergrößerung der Globalstrahlung bewirkt allgemein eine größere freie und bedeckte Ablation. Betrachtet man die gestrichelten und ausgezogenen Kurven nicht zusammen, sondern jede Kurvenschar für sich, so kann man das Produkt aus (1–a) und G als *eine* Variable auffassen. Es gelten dann z. B. die Kurven der freien Ablation für G = 1000 mcal cm^{-2} min^{-1} und a_E = 50 % auch für G = 1250 mcal cm^{-2} min^{-1} und a_F = 60 %.

5. Nicht so einfach ist der Zusammenhang zwischen Ablation und Wärmeübergangszahl α_L. Die Größe α_L ist abhängig von der Geschwindigkeit der freien Strömung *und* von der Form des angeströmten Körpers. Die Größe wird bei technischen Problemen des Wärme- und Stoffaustausches [1] häufig angewendet. Unter freier Strömung versteht man dabei die konstante vom Abstand zum angeströmten Körper unabhängige Strömung außerhalb der Grenzschicht. Da über der Erdoberfläche die Windgeschwindigkeit bis in große Höhen hinauf im allgemeinen zunimmt, liegt es nahe, bei Wärmeübergangsproblemen zwischen der Luft und der Erdoberfläche die Abhängigkeit der Wärmeübergangszahl von der Windgeschwindigkeit in 2 m Höhe über dem Erdboden zu betrachten. Diese Höhe liegt oberhalb der bodennächsten Schichten mit den stärksten Änderungen der Windgeschwindigkeit mit der Höhe. Da α_L außerdem noch von der Form des angeströmten Körpers abhängt, sind die Werte von α_L bei angeströmten ausgedehnten ebenen Flächen um so größer, je größer die Rauhigkeit dieser Flächen ist. Für quer angeströmte Kreiszylinder läßt sich aus einer bei E. ECKERT [1, S. 142, Gl. 287] angegebenen Beziehung die Wärmeübergangszahl α_L berechnen, die es erlaubt, die gesamte Wärmeabgabe des Zylinders zu ermitteln – nicht nur die Wärmeabgabe an einer Stelle des Umfanges. Es gelten nun folgende Richtwerte für α_L in Abhängigkeit von der Windgeschwindigkeit v und der Form und Rauhigkeit der angeströmten Körper:

	1	4	10	m/s
v in 2 m Höhe (A, B) bzw. der freien Strömung (C)				
A Völlig glatte ausgedehnte ebene Oberfläche; nach [3]	2	8	15	$\frac{\text{mcal}}{\text{cm}^2 \text{ min grd}}$
B Rauhe, ausgedehnte ebene Oberfläche (Rasen, Schnee); nach [3]	10	20	30	$\frac{\text{mcal}}{\text{cm}^2 \text{ min grd}}$
C Quer angeströmter Kreiszylinder; nach [1, S. 142, Gl. 287]				
d = Durchmesser des Zylinders d = 100 cm	7	20	45	$\frac{\text{mcal}}{\text{cm}^2 \text{ min grd}}$
d = 10 cm	15	35	70	$\frac{\text{mcal}}{\text{cm}^2 \text{ min grd}}$
d = 1 cm	50	100	150	$\frac{\text{mcal}}{\text{cm}^2 \text{ min grd}}$

6. Zunächst werden nur rauhe ausgedehnte ebene Oberflächen betrachtet, etwa Schnee oder Schuttoberflächen. Anstatt der Werte $\alpha_L = 10$, 20 und 30 mcal cm^{-2} min^{-1} grd^{-1} könnte man nun in die Diagramme die Windgeschwindigkeiten v $= 1, 4$ und 10 ms^{-1} eintragen.

a) Vergleicht man 2 Diagramme miteinander, die sich nur in der bei der Berechnung verwendeten Wärmeübergangzahl unterscheiden, so sieht man, daß sich an den bisherigen Überlegungen in diesem Kapitel im Prinzip nichts ändert. In jedem Falle gibt es deutliche Unterschiede zwischen freier und bedeckter Ablation, in der bedeckten Ablation bei verschiedenen Wärmedurchgangszahlen und in der freien Ablation bei verschiedenen relativen Luftfeuchtigkeiten.

b) Die Abb. 2 zeigt die bedeckte Ablation ohne Kondensation bei verschiedenen α_L und unter sonst gleichen Bedingungen. Nur bei
$$L = \alpha_L \, (\vartheta_L - \vartheta_0) = 0$$
sind die Ablationsbeträge unabhängig von α_L, so am Schnittpunkt der beiden Kurven für $\beta = \infty$ bei $\vartheta_L = 0°C$. Ist L positiv – das ist bei $\beta = \infty$ und $\vartheta_L > 0°C$ der Fall –, so nimmt (–M) mit α_L zu; je größer α_L ist, um so größer ist der Beitrag von L zur Schmelzwärme. Ist L negativ – das ist schon von geringen Schichtdicken an im gesamten gewählten Bereich von ϑ_L der Fall –, so nimmt (–M) mit α_L ab; die Schutzwirkung des bedeckenden Materials nimmt also mit der Windgeschwindigkeit zu, weil bei größeren α_L auch größere Anteile der Strahlungsbilanz über L abgeführt werden können und so nicht zum Schmelzen verfügbar sind.

c) Die Abb. 3 zeigt die freie Ablation bei verschiedenen α_L und unter sonst gleichen Bedingungen. Zunächst fällt auf, daß bei höherer Windgeschwindigkeit auch die Lufttemperatur, bei der die nichtschmelzende in die schmelzende Oberfläche übergeht, wesentlich höher liegt; die mit α_L höhere Verdunstung siehe [Gl. (6)] bewirkt die niedrigeren Oberflächentemperaturen.

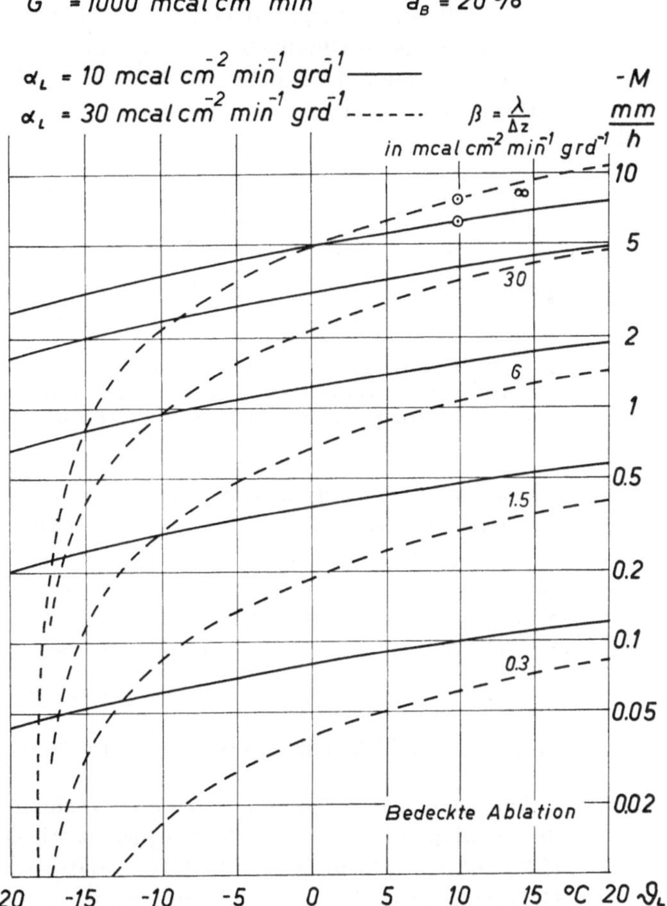

Abb. 2. Bedeckte Ablation (–M) bei verschiedenen Wärmeübergangszahlen α_L zwischen der Luft und der Oberfläche des bedeckenden Materials

d) Bei der schmelzenden Oberfläche gibt es für jedes f einen Punkt in der Abb. 3, an dem (–M) unabhängig ist von α_L. Dort schneiden sich die gestrichelten und die ausgezogenen Kurven. An diesen Punkten gilt
$$L + V = 0 \tag{26}$$
und mit den Gln. (5) und (6)
$$\alpha_L \left[\left(\vartheta_L + \frac{0{,}623\,r}{p\,c_p} e_L \right) - \left(\vartheta_0 + \frac{0{,}623\,r}{p\,c_p} E_0 \right) \right] = 0. \tag{27}$$

Die Gleichung für das ideale Psychrometer $\qquad e_{\mathrm{L}} = E' - \dfrac{p c_{\mathrm{p}}}{0,623\, r}\left(\vartheta_{\mathrm{L}} - \vartheta'\right)$ $\qquad\qquad$ (28)

– mit ϑ' = Temperatur des feuchten Thermometers und E' = Sättigungsdampfdruck bei ϑ' – läßt sich umformen in:

$$\left(\vartheta_{\mathrm{L}} + \frac{0,623\, r}{p\, c_{\mathrm{p}}}\, e_{\mathrm{L}}\right) = \left(\vartheta' + \frac{0,623\, r}{p\, c_{\mathrm{p}}}\, E'\right). \qquad\qquad (29)$$

Aus den Gln. (27) und (29) erkennt man, daß bei $L + V = 0$ die in 2 m Höhe mit einem idealen Psychrometer gemessene Feuchttemperatur ϑ' gleich der Oberflächentemperatur des Eises ϑ_0 – das ist bei schmelzender Oberfläche 0°C – sein muß. Dabei ist vorausgesetzt, daß die Verdampfungswärme r (entweder r_{E} oder r_{W}) in den Gln. (27) bis (29) gleich ist.

Die Lufttemperatur, bei der die Gln. (27) und (29) erfüllt sind, ist bei konstanter Temperatur der schmelzenden Oberfläche $\vartheta_0 = 0$°C nur vom Dampfdruck e_{L} und vom Luftdruck p bzw. nur von der relativen Luftfeuchtigkeit $f = e_{\mathrm{L}}/E_{\mathrm{LW}}$ und p abhängig; das folgt aus Gl. (27). Die Tabelle 2 gibt für diesen Zusammenhang einige Zahlenwerte.

f	%	0	20	50	100	
ϑ_{L}	°C	17,5	10,3	5,0	0,0	für p = 405 Torr ≙ 5000 m
ϑ_{L}	°C	13,5	8,6	4,3	0,0	für p = 526 Torr ≙ 3000 m
ϑ_{L}	°C	9,3	6,4	3,4	0,0	für p = 760 Torr ≙ 0 m

Tab. 2. Die Lufttemperaturen, bei denen bei schmelzender Oberfläche $L+V=0$ ist, in Abhängigkeit von der relativen Luftfeuchtigkeit f und dem Luftdruck p. Bei p ist angegeben, welchen Höhen über NN die Luftdrucke nach der CINA-Normalatmosphäre entsprechen.

Oberhalb dieser Lufttemperaturen ist $L + V > 0$ und die Ablation nimmt mit wachsendem α_{L} zu (siehe Abb. 3); unterhalb ist $L + V < 0$ und die Ablation nimmt mit wachsendem α_{L} ab. Das ist leicht verständlich: L und V sind α_{L} proportional. Positives $L + V$ bringt Energie zur Oberfläche, die zum Schmelzen zur Verfügung steht und zwar um so mehr, je größer α_{L} ist. Negatives $L+V$ entzieht der Oberfläche Energie, wieder um so mehr, je größer α_{L} ist. Mit $L + V = 0$ bleibt von der Energiehaushaltsgleichung (1) noch

$$Q + B + S = 0 \qquad\qquad (30)$$

übrig. Da beim Schmelzen $S < 0$ ist, muß $Q + B > 0$ sein.

Für den sehr interessanten Fall, daß bei schmelzender Oberfläche die Ablation mit wachsendem α_{L} abnimmt, gilt also $L + V < 0$, gleichzeitig $Q + B > 0$, $e_{\mathrm{L}} < E_0 = 4,58$ Torr (das folgt aus Gl. (27); außerdem bedeutet $e_{\mathrm{L}} > 4,58$ Torr, daß sowohl L als auch V positiv sind) und $\vartheta' < 0$°C. G. Hofmann hat die hier unter d angeschnittenen Probleme in [4] ausführlich behandelt.

e) Die in Abb. 3 gezeichneten Kurven für verschiedene Wärmeübergangszahlen schneiden sich – mit Ausnahme derjenigen für $f = 100\,\%$ – noch ein zweites Mal bei negativen Lufttemperaturen. Wie die Abb. 4 zeigt, verlaufen dabei die Kurven für verschiedene α_{L} nicht alle durch einen Punkt, wie es für den durch $L + V = 0$ bestimmten Punkt der Fall ist. Zwischen den beiden Schnittpunkten liegt ein Bereich von ϑ_{L}, in dem die Ablation beim größeren α_{L}-Wert kleiner ist. Die Kurven schließen dort (z. B. bei $f = 50\,\%$ in Abb. 3 und bei der ausgezogenen und der fein gestrichelten Kurve in der mittleren Darstellung der Abb. 4 zwischen $\vartheta_{\mathrm{L}} = -11,8$°C und $+5,0$°C) ein Dreieck mit nicht geradlinigen Seiten ein. Im rechten Teil des Dreiecks zwischen $-1,0$°C und $+5,0$°C liegt bei beiden α_{L}-Werten, durch die die ausgezogene und die gestrichelte

Kurve bestimmt sind, eine schmelzende Oberfläche vor; die Ablation nimmt mit zunehmendem α_L ab, weil $L + V < 0$ ist. Im linken Teil des Dreiecks ist die Oberfläche beim größeren α_L-Wert nichtschmelzend, beim kleineren schmelzend; die Ablation nimmt mit zunehmendem α_L ab, weil die in beiden Fällen etwa gleiche Strahlungsbilanz Q bei höherem α_L und nichtschmelzender Oberfläche die Energie für die höhere Verdunstung liefern muß, während bei niedrigerem α_L ein Teil von Q zum Schmelzen verfügbar ist; mit 677 cal können nur 1 g Eis verdunstet, aber 8,5 g geschmolzen werden.

Der ϑ_L-Bereich der Dreiecke – der dadurch gekennzeichnet ist, daß in ihm bei größerem α_L bzw. größerer Windgeschwindigkeit die Ablation kleiner ist – ist um so größer, je größer die Globalstrahlung (siehe Abb. 4), je trockener die Luft (siehe Abb. 3 und Tab. 2) und je niedriger der Luftdruck ist (siehe Tab. 2).

7. Es ist auch möglich, die verschiedenen α_L-Werte bei konstanter Windgeschwindigkeit als Folge verschiedener Durchmesser von quer angeströmten Kreiszylindern oder verschiedener Krümmungsradien von Kanten zu deuten. Je kleiner der Durchmesser ist, um

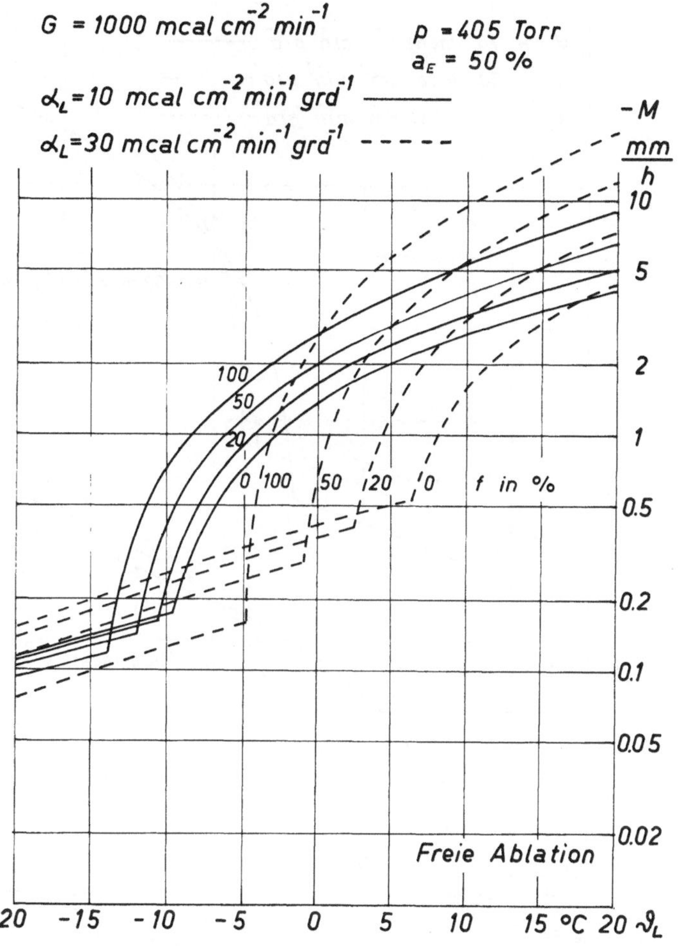

Abb. 3. Freie Ablation (–M) bei verschiedenen Wärmeübergangszahlen α_L zwischen der Luft und der Eisoberfläche. Die Knickpunkte der Kurven bezeichnen den Übergang von der nichtschmelzenden zur schmelzenden Oberfläche

so größer ist bei gleicher Windgeschwindigkeit die Wärmeübergangszahl. Kleinere Ablation bei höherem α_L – wie sie im Lufttemperatur-Bereich der oben erwähnten Dreiecke vorkommt – bedeutet, daß die Kanten um so weniger abgebaut werden, je kleiner ihr Krümmungsradius ist. G. HOFMANN spricht von »kantenförderndem Abbau«. Er findet unter den bei Punkt 6d und e erwähnten Bedingungen statt und ist mitverantwortlich für die Entstehung von Schnee- und Eispenitentes [3, 4]. Nach dem oben Gesagten ist der günstige Lufttemperatur-Bereich für diesen kantenfördernden Abbau und damit für die Penitentes-Bildung um so größer, je höher die Globalstrahlung und je niedriger die relative Luftfeuchtigkeit und der Luftdruck sind.

So können sich Strukturen in einer Schneeoberfläche – gleich ob sie durch den Wind, durch unterschiedliche Albedo, durch rinnendes Wasser (Ackerfurchenschnee) entstanden sind, oder ob es sich um die uneinheitliche Oberfläche eines Lawinenkegels handelt – verstärken, wenn die bei 6d und e beschriebenen Effekte vorliegen. Die Strukturen werden abgebaut und flacher, wenn bei schmelzender Oberfläche $L + V > 0$ ist; das bedeutet gleichzeitig, daß die in 2 m Höhe (siehe Bemerkungen zu Gl. (5)) gemessene Feuchttemperatur $\vartheta' > 0°C$ ist.

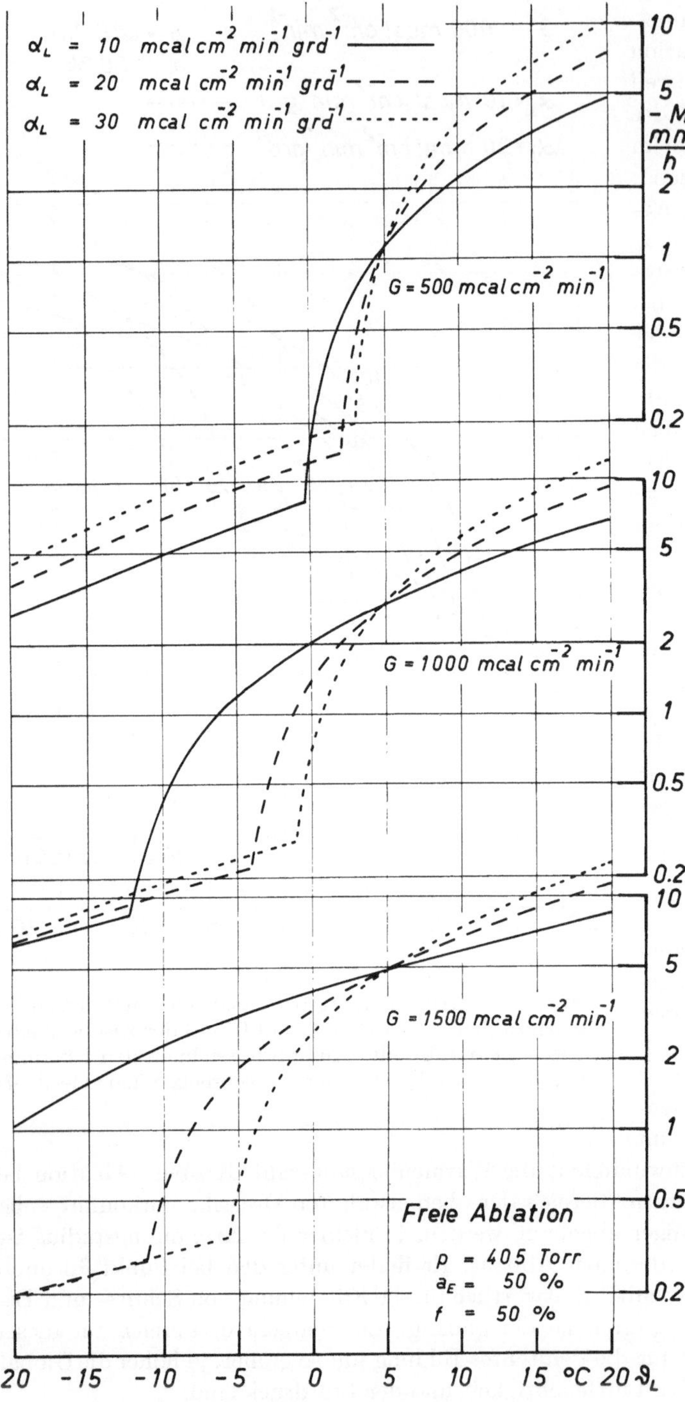

Abb. 4. Freie Ablation (–M) bei verschiedenen Wärmeübergangszahlen α_L und verschiedenen Werten der Globalstrahlung G. Der Lufttemperatur-Bereich, in dem die Ablation mit zunehmendem α_L bzw. größerer Windgeschwindigkeit abnimmt, ist um so größer je größer die Globalstrahlung ist. Die Knickpunkte der Kurven sind an den Stellen, an denen die nichtschmelzende in die schmelzende Oberfläche übergeht

8. Das zehnte dieser Arbeit im Anhang beigefügte Diagramm gilt für G = 0. Dargestellt sind die bedeckte Ablation ohne und mit Kondensation. Bei den anderen Diagrammen ist bei bedeckter Ablation die Oberflächentemperatur im allgemeinen so hoch, daß keine Kondensation stattfindet. Eine Ausnahme davon sind nur die obersten, für große β-Werte gültigen Kurven, bei denen aber durch ⊙ die Lufttemperatur gekennzeichnet wurde, oberhalb deren Wert bei f = 50 % Kondensation einsetzt. Bei G = 0 ist die Strahlungsbilanz bei wolkenlosem Himmel – nur dafür gilt ja Gl. (3) – im allgemeinen negativ und wird durch einen positiven (mit Kondensation verbundenen) Strom latenter Wärme des Wasserdampfes V zum Teil kompensiert. Daher ist bei G = 0 die bedeckte Ablation im allgemeinen auch mit Kondensation verbunden.

Die freie Ablation bei f = 50 % ist durch die +-Zeichen dargestellt, die man sich verbunden denken muß. Bei G = 0 sind kleinere f-Werte als 50 % äußerst selten. Für die freie Ablation bei f = 100 % gilt dieselbe Kurve wie für die bedeckte Ablation mit Kondensation und den Werten f = 100 % und β = ∞. Das folgt aus den Gln. (13) und (24), wenn man G = 0, $-\beta\vartheta_0$ = S und ϑ_0 = 0°C setzt.

9. Die Diagramme sind für einen Luftdruck von p = 405 Torr berechnet worden. Dieser Druck entspricht nach der CINA-Atmosphäre einer Höhe von 5000 m über NN. Der Luftdruck hat über das Glied V der Wärmehaushaltsgleichung Einfluß auf die freie Ablation und auf die bedeckte Ablation mit Kondensation. Der Betrag

von V wird um so größer, je kleiner p ist [Gl. (6)]. Je nachdem ob V die Ablation mit fördert oder sie hemmt, nimmt die Ablation mit dem Luftdruck ab oder zu. Die Abb. 5 zeigt für drei Beispiele der freien Ablation, daß sich die Diagramme nicht sehr viel ändern, wenn man sie für p = 526 Torr (das entspricht 3000 m über NN) oder für p = 760 Torr (das entspricht 0 m über NN) berechnet. Jede der drei Kurvenscharen besitzt einen Schnittpunkt bei $\vartheta_L = 9{,}9°C$, weil bei dieser Lufttemperatur, bei der in Abb. 5 angenommenen Luftfeuchtigkeit von 50 % und bei der Oberflächentemperatur von 0°C der schmelzenden Oberfläche $(e_L - E_0) = (0{,}5\ E_{LW} - E_0)$ und damit auch V gleich Null werden; in diesem Falle (V = 0) besitzt der Luftdruck keinen Einfluß auf die Ablation.

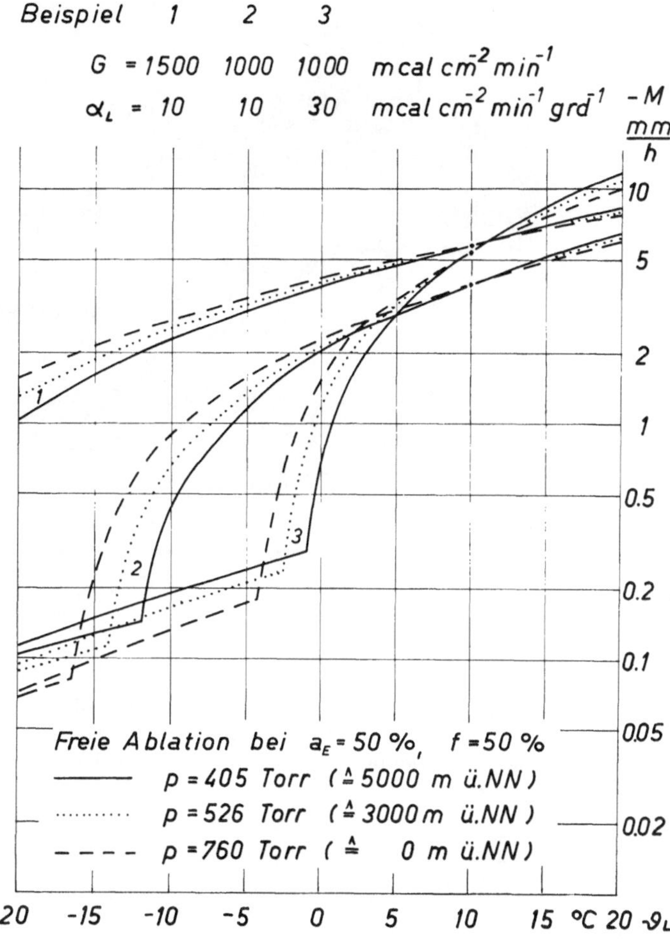

Abb. 5. Freie Ablation (–M) bei verschiedenen Luftdruckwerten p

3. Die Gletscher und die glazialen Kleinablationsformen im Gebiet des Mount Everest

Das Gebiet um den Mount Everest (8848 m) (die Höhenangaben in diesem Kapitel sind der Karte 1957 entnommen) im Mahalangur Himal ist entsprechend seiner Höhenlage sehr stark vergletschert. Die Oberflächen der Hängegletscher, die viele Felswände fast ganz überziehen, sind frei von Moräne. Die Talgletscher hingegen sind teilweise meterdick mit Schutt bedeckt (Obermoräne). Viele von ihnen besitzen kein Akkumulationsbecken, sie beginnen an hohen Felswänden und werden von den Eis-, Schnee- und Schuttmassen, die als Lawinen aus den sie begrenzenden Wänden niedergehen, ernährt. Da der Ursprung dieser Gletscherströme am Fuße der Wände meist unterhalb der Schneegrenze liegt, beginnt dort auch bereits die Bedeckung mit Obermoräne.

Die Abb. 6 zeigt einen Blick auf den Imja-, den Lhotse- und den Lhotse-Nup-Gletscher, die alle kein Akkumulationsbecken besitzen, an steilen Felswänden beginnen und vom Ursprung an mit Schutt bedeckt sind. Die Oberflächen sind äußerst uneben und inhomogen; das kommt auf der Abb. 6 besonders deutlich heraus, weil auf der Obermoräne teilweise Schnee liegt. Verfolgt man den Lhotsegletscher in Abb. 6 weiter nach oben links (nach NNE), so gelangt man schließlich bis zur 3200 m hohen Südwand des Lhotse (8501 m), aus der der Gletscher ernährt wird. Unmittelbar vom Wandfuß an zeigt der Gletscher die auf Abb. 7 gezeigten Unebenheiten, für die man einen Maßstab in der etwa 20 m hohen Seitenmoräne im linken Teil des Bildes besitzt. Die Moränendecke ist in der Höhe des Aufnahmestandortes im Mittel über den Gletscherquerschnitt bereits dicker als 1 m. An einigen Stellen tritt blankes Eis zutage, und in den Mulden bilden sich kleine Seen.

Abb. 6. Blick auf Imja- (von rechts hinten (I) kommend), Lhotse- (von links (L) kommend) und Lhotse-Nup-Gletscher (von links (LN) kommend). Im Hintergrund der Makalu (8470 m) (M). Zwischen Imja- und Lhotse-Gletscher der Island-Peak (6189 m) (P)

Abb. 7. Lhotsegletscher und die 3200 m hohe Südwand des Lhotse im Hintergrund

222

Die starke Bedeckung der Gletscher mit Schutt ist eine Folge des großen Verhältnisses von Schuttangebot aus den steilen hohen Wänden zum Niederschlag. Die mittlere Jahressumme des Niederschlags ist in diesen Gebieten wahrscheinlich kleiner als 1000 mm. F. MÜLLER [6] hat am Khumbu-Gletscher vom 12. April bis 26. November 1956 nur 390 mm gemessen, das ist die einzige Niederschlagsmessung im Gebiet des Mount Everest über eine längere Zeit! Die Unebenheiten entstehen hauptsächlich durch die unterschiedliche Ablation bei unterschiedlicher Schuttbedeckung – in den Diagrammen durch die unterschiedlichen Wärmedurchgangszahlen β dargestellt. Das bedeckende Material ist teilweise sehr feinkörnig und sandig, es übt daher entsprechend der geringen Wärmeleitfähigkeit und seiner großen Dicke eine große Schutzwirkung auf das darunter liegende Eis aus. Selbst bei einem relativ geringen Angebot an Niederschlägen und hoher, die Ablation fördernder Globalstrahlung, konnten sich unter der das Eis vor Ablation schützenden Obermoräne große Gletscher entwickeln.

Die oben beschriebene starke Schuttbedeckung der Gletscher findet man keineswegs allein im Gebiet des Mount Everest. So schreibt O. MAULL [5, S. 364]: »Zum Extrem steigert sich diese Moränenbedeckung auf den hochasiatischen Gletschern infolge der mächtigen Schuttförderung durch die aus den hohen Gebirgsflanken örtlich fast unablässig niedergehenden Lawinen, zumal wenn die gesamte Gletscheroberfläche unter der Schneegrenze liegt. Am Zemugletscher steigert sich die Schuttmenge von oben nach unten; schon 18 km oberhalb der Zunge ist das Eis vollkommen darunter verschwunden. Der Baltorogletscher im Karakorum liegt auf 50 km unter einer solchen Schuttdecke«. Auch in den Alpen findet man ähnliche Gletscher. So wird z. B. das Ödenwinkelkees (Stubachtal, Hohe Tauern) auch zum großen Teil durch Lawinen ernährt und ist auf weiten Flächen mit Schutt (bis zu 50 cm Dicke bedeckt [7]).

Der Khumbu-Gletscher besitzt im Oberen Khum ein großes Akkumulationsbecken oberhalb der Schneegrenze. Von hier aus fließt das Eis durch den 700 m hohen Eisbruch nach NW, dann biegt der Gletscher nach SSW um. Seinen weiteren Verlauf zeigt Abb. 8. Deutlich sichtbar sind die Seitenmoränen, die rechte periglaziale Umfließungsrinne und die starke Schuttbedeckung. Am linken oberen Ende des im Bilde sichtbaren Teiles des Gletschers weist er eine deutliche Zweiteilung auf: Links (S) kommt aus dem Kar, unterhalb des Lingtren (L) (6697 m) ein mit Schutt bedeckter Gletscher, während rechts (W) die Gletscheroberfläche weiß erscheint. Der rechte Teil besteht aus dem Eis, das über den Eisbruch aus dem Oberen Khum kommt. Die Abb. 9 gibt einen Eindruck von der Obermoräne des Gletschers im rechten Teil der Abb. 8. Auf der kleinen Eiswand, die eine ausgeprägte durch selektive Ablation entstandene Struktur zeigt, steht zum Größenvergleich der Sherpa Tensing. Die stellenweise 40 m hohe Seitenmoräne zeigt die Abb. 10. Man beachte die auf dem Kamm der Moräne gehenden vier Personen (P).

Der in Abb. 8 von ferne sichtbare »weiße Teil« des Gletschers zeigt aus der Nähe betrachtet eine Fülle von glazialen Formen (Abb. 11). Man erkennt zwei in Fließrichtung orientierte Reihen von mächtigen Eistürmen mit einem dazwischen liegenden schwach geneigten Gebiet mit Schutt und Schneeoberflächen. In diesem Gebiet findet man viele Kleinablationsformen, vor allem Eispenitentes, wie sie im Vordergrund des Bildes sichtbar sind.

Die Eistürme sind bis zu 30 m hoch (Abb. 12). Sie verdanken ihre Entstehung dem Auseinanderbrechen der Eismassen im Gletscherbruch. Ihre Abtragung erfolgt nach den Gesetzen der freien Ablation. Kleinräumige Unterschiede in Albedo oder Eisdichte an ihrer Oberfläche führen zu Ansätzen der in der Abbildung deutlich sichtbaren Wabenstruktur. Da die Wärmeübergangszahl im Inneren der Wabe kleiner ist als an der Kante, verstärken sich die Strukturen, wenn entweder die Oberfläche im Inneren schmelzend und an der Kante nicht schmelzend ist oder wenn bei überall schmelzender Oberfläche $L + V < 0$ ist (siehe Kapitel 2 B Punkte 6 und 7). Messungen der Lufttemperatur ϑ_L und der Feuchttemperatur ϑ' in 2 m Höhe über der Bodenoberfläche im weißen Teil des Khumbu-Gletschers am 5. und 6. Mai 1963 mittags – an diesen Tagen wurden auch die Abb. 11 bis 23 aufgenommen – ergaben ϑ_L-Werte zwischen $+2,0$ und $-1,0°C$ und ϑ'-Werte zwischen $-3,0$ und $-5,6°C$. Die Oberflächen der Eistürme waren größtenteils schmelzend. Da das Wetter dieser beiden Tage für die Jahreszeit normal war, konnten sich also die wabenförmigen Strukturen weiter vertiefen.

Abb. 8. Khumbu-Gletscher von dem 5245 m hohen Felsengipfel westlich seiner Endmoränen aus. Der
»weiße Teil« (W) (er liegt 5300 bis 5400 m üb. NN) des Gletschers besteht aus Eis, das über den Eisbruch
aus dem Oberen Khum kommt. Oberes Khum und Eisbruch liegen hinter dem Nuptse (N), dessen
Felsaufbau rechts oben im Bilde sichtbar ist. Links oben der 6697 m hohe Lingtren (L). Aus dem Kar
rechts von diesem Berg fließt ein mit Schutt bedeckter Gletscher (S)

Abb. 9. Im schuttbedeckten Teil des Khumbu-Gletschers. Über der kleinen Eiswand steht der Sherpa
Tensing (T)

Abb. 10. Seitenmoräne des Khumbu-Gletschers, über die vier Personen (P) gehen. In Wolken der Pumo Ri (7145 m)

Abb. 11. Der auf Abb. 8 »weiße Teil« des Khumbu-Gletschers mit Eistürmen (links und rechts), Eispenitentes (vorne) und schwach geneigten Schutt- und Schneeoberflächen. Blick nach SSW zum Taboche (T) (6542 m)

Ähnliche wabenförmige Oberflächenstrukturen wie die Eistürme zeigen in vielen Teilen der Erde [9] auch Felsengesteine. Auch hier kann die Wirkung der Wärmeübergangszahl beim Wachsen dieser Kleinformen mitbeteiligt sein. Da die Wärmeübergangszahl an den die Waben begrenzenden Kanten größer ist als im Wabeninneren, steigt bei positiver Strahlungsbilanz die Oberflächentemperatur im Inneren höher an, bei negativer Strahlungsbilanz sinkt sie tiefer ab. Die Folge davon ist, daß die Schwankung der Gesteinsoberflächen-Temperatur und damit auch die mechanische Verwitterung im Innern der Waben größer ist als an ihren Grenzen. Man sieht das auch mit Hilfe der Wärmehaushaltsgleichung (1) leicht ein. Diese lautet unter stationären Verhältnissen (B = 0) für die trockene Gesteinsoberfläche

$$Q + L = 0 \; oder \; Q + \alpha_L \left(\vartheta_L - \vartheta_0 \right) = 0. \tag{31}$$

Bei gleicher positiver oder negativer Strahlungsbilanz Q an der Kante und im Wabeninneren weicht die Oberflächentemperatur $\vartheta_0 = \vartheta_L + Q/\alpha_L$ um so weniger von der Lufttemperatur ϑ_L ab, je größer α_L ist.

Die im weißen Teil des Khumbu-Gletschers beobachteten Büßerschneeformen (Penitentes) stehen entweder in großer Zahl eng beieinander (Abb. 15 und 16), oder es sind einzelstehende Gebilde, die sehr eindrucksvoll aus den schuttbedeckten Flächen emporragen (Abb. 17). Sie bestehen aus Eis – es handelt sich also um Büßereis, Eispenitentes oder Zackeneis –, das durch die Schuttdecke hindurch in Verbindung mit dem darunterliegenden Gletschereis steht. Das ließ sich durch Zerstören der Formen leicht feststellen. Die umliegende Schuttdecke ist sehr dünn, im Mittel nur 5–10 cm, und besteht weniger aus lockerem Sand als aus grobem Felsschutt. Gerade diese dünne Bedeckung ist – im Gegensatz zu den dicken Schuttdecken auf dem unteren Khumbu-Gletscher, dem Imja- und dem Lhotsegletscher – günstig für die Bildung von Kleinablationsformen. Denn nicht nur die Ablation unter dieser dünnen Decke ist sehr groß, sondern auch die Unterschiede der Ablation bei unterschiedlicher Bedeckung sind erheblich. Am Beispiel der Abb. 1 kann man bei $\vartheta_L = 0°C$ ablesen, daß bei $\beta = 30$ mcal cm^{-2} min^{-1} grd^{-1} (–M) = 2,6 mm h^{-1} beträgt; bei doppelter Schichtdicke entsprechend $\beta = 15$ mcal cm^{-2} min^{-1} grd^{-1} ist (–M) = 1,75 mm h^{-1}. Bei $\beta = 0,6$ bzw. 0,3 mcal cm^{-2} min^{-1} grd^{-1} ist (–M) = 0,105 bzw. 0,053 mm h^{-1}. Bei den kleinen Schichtdicken bringt die Verdoppelung einen Unterschied von 0,85 mm h^{-1}, bei den großen Schichtdicken einen Unterschied von nur 0,052 mm h^{-1} in der Ablation. Da im »weißen Teil« des Khumbu-Gletschers neben der dünnen die Ablation stark fördernden Schutt-Bedeckung auch schneebedeckte Flächen vorhanden sind, wird hier der Unterschied zwischen freier und bedeckter Ablation äußerst wirksam. Gerade dieser Effekt ist die Ursache für die hier entstehenden Eispenitentes. Das soll im Folgenden an den Abb. 18 bis 23 näher erläutert werden. Die Bilder wurden alle am 5. und 6. Mai 1963 aufgenommen. Es war möglich, an diesen Tagen alle Phasen der Entstehung der Eispenitentes zu beobachten.

Die Abb. 18 zeigt die Wirkung der freien und bedeckten Ablation. Von den Winterschneefällen her sind Schneeflecken übrig geblieben. Die Ablation unter der dünnen Schuttdecke ist wesentlich größer als die freie Ablation des Schneefleckens. Daher sinkt dessen schuttbedeckte Umgebung ab und unter dem Schneeflecken wird ein Eissockel herauspräpariert, der deutlich von unten nach oben die Schichtung, Gletschereis, dünne Schuttdecke, Schnee erkennen läßt. Für die 5 bis 10 cm dicke vorwiegend aus grobem Felsschutt bestehende Bedeckung kann man die Wärmedurchgangszahl $\beta = 30$ mcal cm^{-2} min^{-1} grd^{-1} annehmen. Messungen der Lufttemperatur ϑ_L und der Feuchttemperatur ϑ' in 2 m Höhe über der Bodenoberfläche im weißen Teil des Khumbu-Gletschers am 5. und 6. Mai 1963 mittags ergaben ϑ_L-Werte zwischen +2,0 und –1,0°C und ϑ'-Werte zwischen –3,0 und –5,6°C, woraus sich Werte für die relative Luftfeuchtigkeit f zwischen 30 und 60 % errechnen lassen. Die Stundenmittel der Globalstrahlung G im benachbarten Tal des Imja-Khola – dort war eine vollständige Wärmehaushaltsstation in Betrieb – lagen am 5. Mai von 9 bis 16 Uhr über 1000 mcal cm^{-2} min^{-1} und von 10 bis 14 Uhr über 1500 mcal cm^{-2} min^{-1}. Bei besonders günstiger Stellung der stark reflektierenden Cumulus-Wolken wurden in Einzelmessungen 2000 mcal cm^{-2} min^{-1} überschritten. Die Windgeschwindigkeit v in 2 m Höhe über dem Khumbu-Gletscher betrug etwa 4 m s^{-1}. Da der Schnee sehr rein war, kann seine Albedo a_E mit 70 % angenommen werden. Für $\vartheta_L =$

Abb. 13. Eistürme mit Lingtren (6697 m)

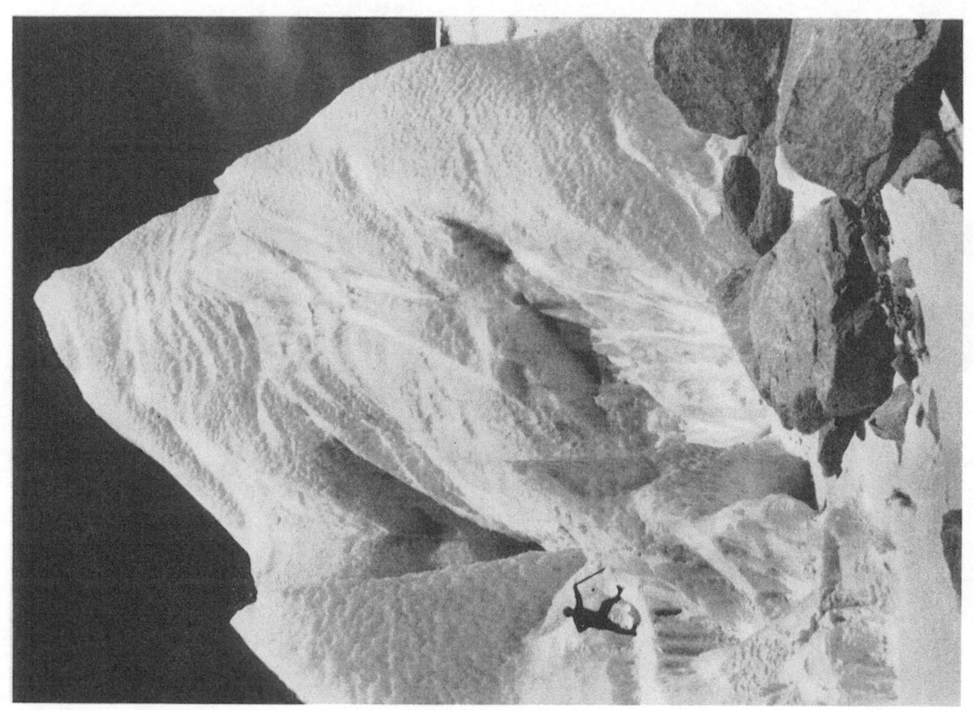

Abb. 12. Eisturm mit deutlicher Wabenstruktur

Abb. 14. An der Entstehung dieses Loches (mittlerer Durchmesser etwa 1 m) hat die freie Ablation sicher mitgewirkt, siehe auch Abb. 13

Abb. 15. Eistürme und Penitentesfelder auf dem Khumbu-Gletscher. Höhe der Büßereisformen 1–2 m. Im Hintergrund der Lho La (6006 m) (La heißt Paß). Über ihn verläuft die Grenze zwischen Nepal und Tibet

Abb. 17. Einzelstehende Eispenitentes (Zackeneis). Höhe des Eispickels 90 cm

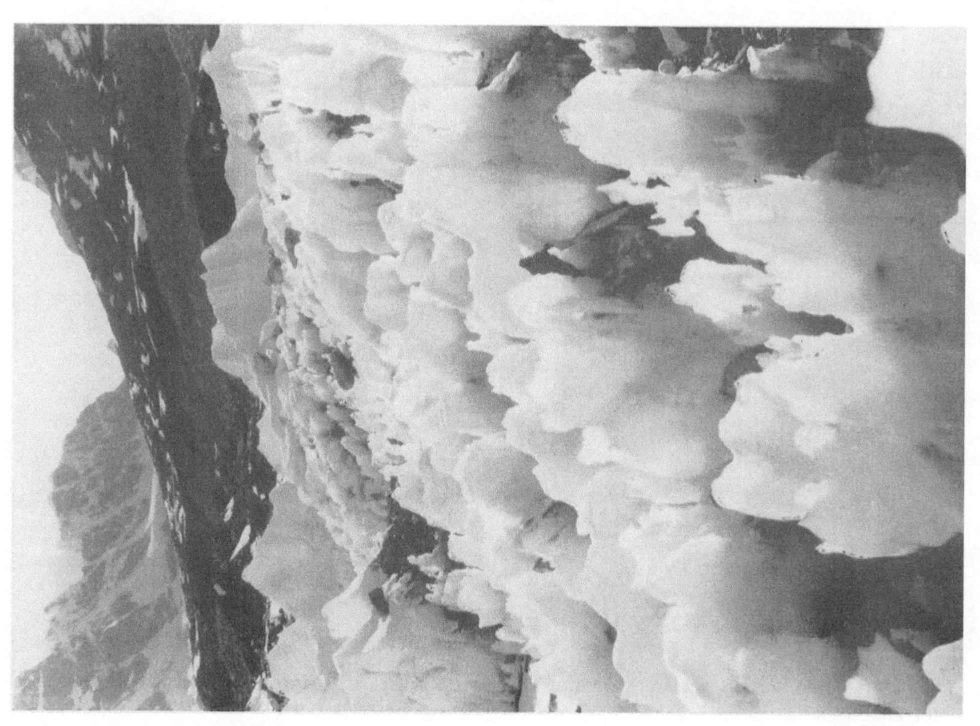

Abb. 16. Eistürme und Penitentesfeld auf dem Khumbu-Gletscher. Höhe der Büßereisformen 1–2 m

Abb. 18. Freie und bedeckte Ablation auf dem Khumbu-Gletscher. Die Ablation des Eises unter der dünnen Schuttdecke ist wesentlich größer als die freie Ablation des Schneefleckens. Daher sinkt die Umgebung des Schneefleckens ab

Abb. 19. Ein durch den Unterschied zwischen freier und bedeckter Ablation schon etwa 40 cm hoch herauspräparierter Eisblock

0°C, f = 50 %, β = 30 mcal cm^{-2} min^{-1} grd^{-1}, a$_B$ = 20 %, a$_E$ = 70 %, p = 405 Torr ($\triangleq$ 5000 m über NN) und α_L = 20 mcal cm^{-2} min^{-1} grd^{-1} ($\triangleq$ v = 4 ms^{-1}, siehe Kapitel 2 B Punkt 5) beträgt die bedeckte Ablation bei G = 1500 mcal cm^{-2} min^{-1} 4,2 mm h^{-1} und in 4 Stunden 17 mm, bei G = 1000 mcal cm^{-2} min^{-1} 3,1 mm h^{-1} und in 3 h 9 mm; für den 5. Mai 1963 von 9 bis 16 Uhr kann man also mit mehr als 26 mm rechnen. Die Ablationsbeträge sind den Diagrammen entnommen worden. Die auf Abb. 18 sichtbare Stufe zwischen der Schuttoberfläche und dem Schutt im herauspräparierten Block mißt an der höchsten Stelle 25 cm (Länge des Eispickels 90 cm). Sie ist in etwa 10 Tagen entstanden, weil die Ablationsbedingungen in dieser Zeit ähnlich denen am 5. Mai waren. Die freie Ablation beträgt bei G = 1500 mcal cm^{-2} min^{-1} 1 mm h^{-1} (bei bereits schmelzender Oberfläche) und bei G = 1000 mcal cm^{-2} min^{-1} 0,16 mm h^{-1} (bei nichtschmelzender Oberfläche, s. Abb. 1), wenn man die oben für ϑ_L, f, a$_E$, α_L und p angegebenen Werte zugrunde legt. Für den 5. Mai von 9 bis 16 Uhr ergibt sich daraus eine freie Ablation von mehr als 4,6 mm Wasserschichtdicke oder bei einer angenommenen Schneedichte von 0,5 g cm^{-3} eine Abtragung von 1 cm der Schneedecke. Vom Betrag der freien Ablation hängt es ab, wie lange die Schutzwirkung durch die aufliegende Schneedecke noch andauert. Die Bedingungen für ein weiteres Herauspräparieren des Eisblocks sind um so günstiger, je niedriger die Lufttemperatur ist – dann bleibt die Schneeoberfläche nichtschmelzend –, um so ungünstiger je höher die Lufttemperatur ist – dann nimmt die freie Ablation bei schmelzender Oberfläche rasch zu, siehe Abb. 1.

Die Abb. 19 zeigt eine Stufe von 40 cm Höhe, zu deren Entstehung nach der obigen Abschätzung 2 Wochen genügt haben dürften. Die Schneeauflage von etwa 10 cm gibt bei gleichen Bedingungen wie am 5. Mai noch für eine weitere Woche Schutz, in der der Block dann auf 60 cm Höhe wachsen kann. Diese Abschätzungen sind mit Hilfe der für stationäre Verhältnisse berechneten Ablationsbeträge durchgeführt worden. Das ist sicher erlaubt, wenn man – wie es hier geschehen ist – die Morgen- und Abendstunden nicht in Betracht zieht.

Auf der Abb. 20 erkennt man unter anderem eine entsprechend den oben geschilderten Vorgängen herauspräparierte Rippe, über die der Sherpa Tensing (T) gerade hinaufsteigt. Wird diese Rippe nun schneefrei, dann liegt die dünne Schuttschicht, die ehemals in Verbindung stand mit der umliegenden Schuttdecke, an der Oberfläche. Der Schutt rutscht dann entweder gleich ab oder er verursacht durch seine unterschiedliche Dicke eine selektive Ablation der Rippe und eine Auflösung in einzelne Eisformen, von denen in den meisten Fällen das bedeckende Material früher oder später abrutscht. Damit ist die Bildung der Eispenitentes vollzogen. Auch die Zackeneisformen oben rechts in Abb. 20 sind durch den Unterschied zwischen freier und bedeckter Ablation entstanden. Wahrscheinlich hat dort nur sehr wenig Schutt gelegen, der keine einheitliche Decke gebildet hat, so daß stellenweise das blanke Eis hervortrat. Das Einschmelzen des bedeckenden Materials hat dann zur Auflösung des Eises in die vielen wilden Zacken geführt.

Die weitere Entwicklung der so entstandenen Eispenitentes führt zu den sonderbarsten Formen, wie die Abb. 21 bis 23 zeigen. Die Erhaltung der Formen ist teilweise wieder durch den Unterschied zwischen freier und bedeckter Ablation bedingt, denn die mit dünnem Schutt bedeckte Umgebung sinkt rasch weiter ab, während das freie Eis der Penitentes an der Oberseite eine geringere Ablation aufweist. Dadurch »wachsen« die Büßereisformen noch höher über ihre Umgebung hinaus. Durch die freie Ablation werden die Eisformen dünner. Dabei ist der Effekt des kantenfördernden Abbaues (siehe Kapitel 2 B, Punkt 7) mitbeteiligt an der Erhaltung. Denn mit kleiner werdenden Krümmungsradien wachsen bei gleichbleibender Windgeschwindigkeit die Wärmeübergangszahlen α_L. Damit nimmt unter sonst gleichen Verhältnissen die Ablation ab, wenn die in Kapitel 2 B bei Punkt 6 d und e erwähnten Bedingungen vorliegen.

Die auf dem Khumbu-Gletscher beobachteten Eispenitentes verdanken ihre Entstehung also dem Unterschied zwischen freier und bedeckter Ablation, ihre Erhaltung außerdem noch dem Effekt des kantenfördernden Abbaues.

Auf den anderen während der Expedition besuchten Gletschern im Gebiet des Mount Everest (Imja-, Lhotse-, Lhotse-Nup-, Nuptse- und Ama Dablam-Gletscher) wurden mit einer Ausnahme keine Penitentes beobachtet. Alle diese Gletscher sind mit dicken Schuttmassen bedeckt. Lediglich

Abb. 20. Zur Bildung von Eispenitentes auf dem Khumbu-Gletscher. Über die herauspräparierte Rippe in der Bildmitte steigt der Sherpa Tensing (T) hinauf

Abb. 21. Eispenitentes auf dem Khumbu-Gletscher

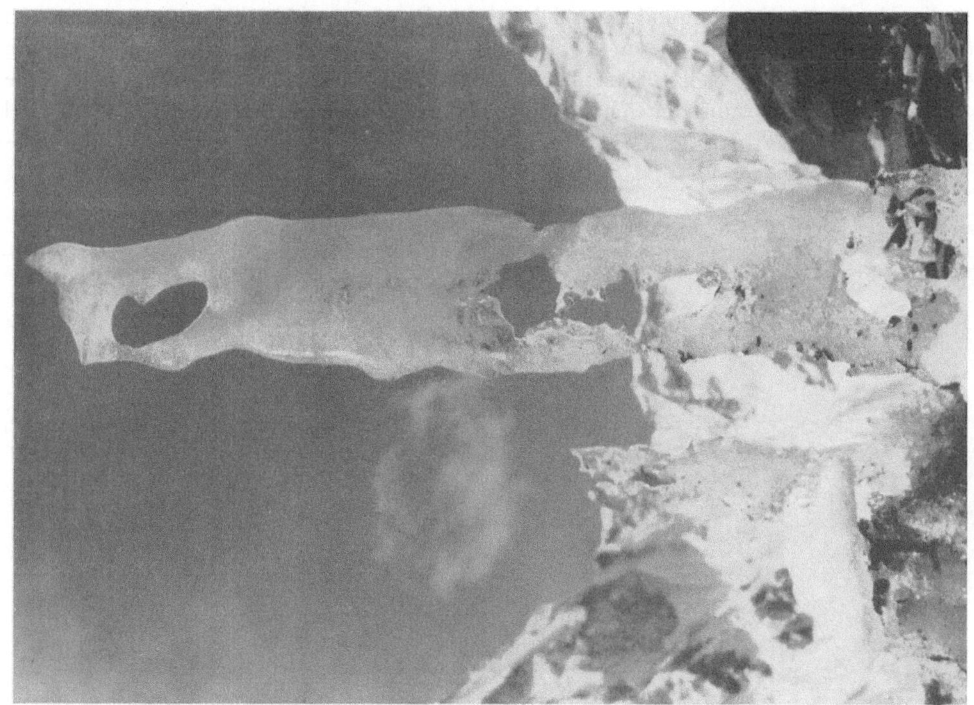

Abb. 23. Alte, sterbende Penitentes-Form
Aufnahme: K. Häckl

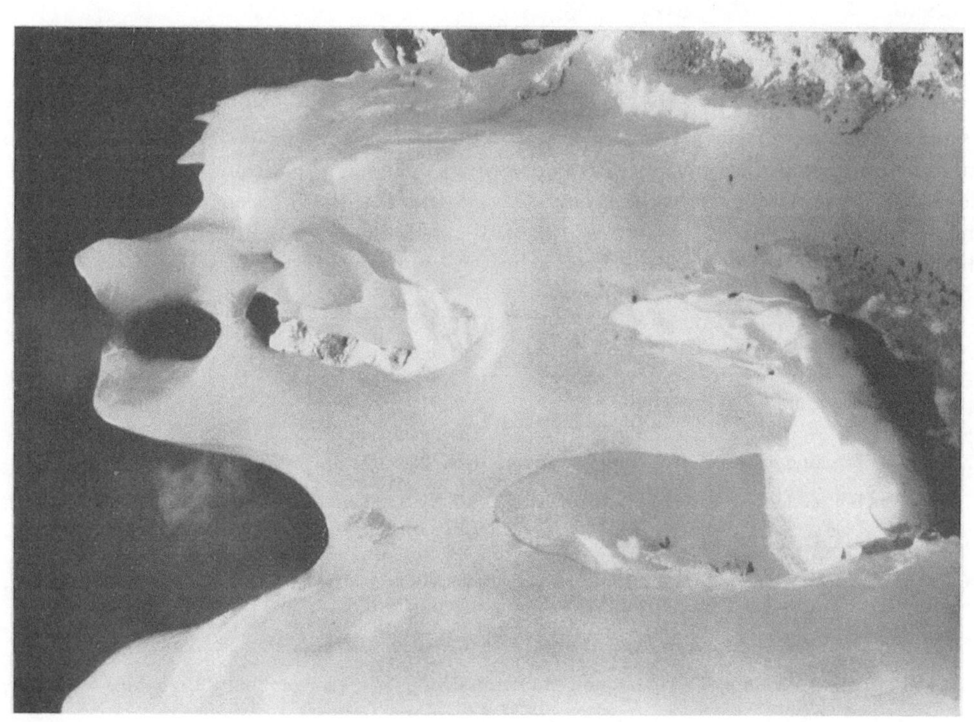

Abb. 22. Zu Büßereis erstarrtes Liebespaar.
Unten abfließendes Schmelzwasser

an wenigen Stellen des Imja-Gletschers bildeten sich Schnee-Penitentes (Abb. 24, aufgenommen am 30. März 1963). Sie entstanden aus dem zum größten Teil am 9. und 10. März gefallenen Schnee am Hang der Seitenmoräne, die sehr viel trockenen feinen Sand enthielt. Der von oben in den Schnee gefallene Sand führte zur Auflösung der Schneeoberfläche in Büßerschnee durch den Unterschied zwischen freier und bedeckter Ablation.

Abb. 24. Schneepenitentes am Abhang einer sandigen Seitenmoräne des Imja-Gletschers

An allen anderen Stellen, so vor allem auf größeren ebenen Flächen, wie sie etwa auf der Alp Chukhung zu finden sind, war die Ablation der ebenen Schneeflächen einheitlich, obwohl die meteorologischen Bedingungen zur Verstärkung einmal vorhandener Strukturen (siehe Kapitel 2 B, Punkte 6 und 7) günstig waren. Es fehlten auf den äußerst homogenen Schneeflächen jedoch die Ursachen, die die Ansätze für solche Strukturen schaffen konnten.

Literatur

1. ECKERT, E., 1959: Einführung in den Wärme- und Stoffaustausch. 2. Aufl., Springer-Verlag.

2. GEIGER, R., 1961: Das Klima der bodennahen Luftschicht. 4. Aufl., Verlag Friedr. Vieweg & Sohn, Braunschweig.

3. HOFMANN, G., 1963: Zum Abbau der Schneedecke. Arch. Met. Geoph. Biokl. B *13*: 1–20.

4. HOFMANN, G., 1965: Zur Rolle des Wärmehaushaltes bei der selektiven Ablation. Carinthia II, 24. Sonderheft, Bericht über die 8. Internationale Tagung für Alpine Meteorologie 1964: 259–266.

5. MAULL, O., 1958: Handbuch der Geomorphologie. Verlag Franz Deuticke, Wien.

6. MÜLLER, F., 1958/59: Acht Monate Gletscher- und Bodenforschung im Everestgebiet. Berge der Welt, *12*: 199–216.

7. SLUPETZKY, W. und H., 1963: Die Veränderungen des Sonnblick-, Ödenwinkel- und Unteren Riffelkeeses in den Jahren 1960–1962. Wetter und Leben, *15*: 60.–72.

8. TROLL, C., 1942: Büßerschnee in den Hochgebirgen der Erde. Ergänzungsheft Nr. 240 zu Petermanns Geogr. Mitt.

9. WILHELMY, H., 1958: Klimamorphologie der Massengesteine. Georg-Westermann-Verlag, Braunschweig.

10. LINKES METEOROLOGISCHES TASCHENBUCH, 1953, II. Band, Akad. Verlagsges. Geest & Portig KG, Leipzig.

11. EBSTER, F. und SCHNEIDER, E., 1957: Chomolongma-Mount Everest, Karte im Maßstab 1:25000, herausgegeben vom Deutschen Alpenverein, vom Österreichischen Alpenverein und von der Deutschen Forschungsgemeinschaft (Aufnahme 1955).

Anschrift des Verfassers:

Dr. HELMUT KRAUS, METEOROLOGISCHES INSTITUT DER UNIVERSITÄT MÜNCHEN, 8 MÜNCHEN 13, AMALIENSTRASSE 52/III